1+X 职业技能等级证书培训考核配套教材
1+X 工业机器人应用编程职业技能等级证书培训系列教材

工业机器人应用编程（KUKA）初级

北京赛育达科教有限责任公司　组编

主　编　王志强　邓三鹏　张维津　陈辉煌
副主编　王平嶂　张永飞　李　诚　田　超
　　　　耿东川
参　编　徐霁堂　王海玲　张会华　邓　茜
　　　　赵子云　陈玲芝　陈　飞　王　帅
　　　　李　想　陈　宏　刘　彦　韩　浩

机械工业出版社

本书由长期从事工业机器人技术相关工作的一线教师和企业工程师，根据他们在工业机器人技术教学、培训、工程应用、技能评价和竞赛方面的丰富经验，对照《工业机器人应用编程职业技能等级标准》，结合工业机器人在企业实际应用中的工程项目编写而成。本书基于工业机器人应用领域一体化教学创新平台（BNRT-IRAP-KR4），按照工业机器人应用编程创新平台认知，以及工业机器人涂胶、焊接、激光雕刻、搬运、码垛及装配应用编程共七个项目进行编写，按照"项目导入、任务驱动"的理念精选内容，每个项目均含有典型案例的编程及操作讲解，并兼顾智能制造装备中工业机器人应用的实际情况和发展趋势。编写中力求做到"理论先进、内容实用、操作性强"，注重学生实践能力和职业素养的养成。

本书是1+X工业机器人应用编程职业技能等级证书初级培训考核的配套教材，可作为工业机器人相关专业和装备制造、电子与信息大类相关专业的教材，也可作为工业机器人集成、编程、操作和运维等工程技术人员的参考用书。

本书配套的教学资源网址为 www.dengsanpeng.com。

图书在版编目（CIP）数据

工业机器人应用编程：KUKA：初级/王志强等主编．—北京：机械工业出版社，2023.6

1+X职业技能等级证书培训考核配套教材　1+X工业机器人应用编程职业技能等级证书培训系列教材

ISBN 978-7-111-73054-5

Ⅰ.①工…　Ⅱ.①王…　Ⅲ.①工业机器人-程序设计-职业技能-鉴定-教材　Ⅳ.①TP242.2

中国国家版本馆CIP数据核字（2023）第069657号

机械工业出版社（北京市百万庄大街22号　邮政编码100037）
策划编辑：薛　礼　　　　　　责任编辑：薛　礼　戴　琳
责任校对：牟丽英　葛晓慧　　　封面设计：鞠　杨
责任印制：常天培
固安县铭成印刷有限公司印刷
2023年6月第1版第1次印刷
184mm×260mm·11印张·268千字
标准书号：ISBN 978-7-111-73054-5
定价：39.00元

电话服务　　　　　　　　　　网络服务
客服电话：010-88361066　　　机　工　官　网：www.cmpbook.com
　　　　　010-88379833　　　机　工　官　博：weibo.com/cmp1952
　　　　　010-68326294　　　金　书　网：www.golden-book.com
封底无防伪标均为盗版　　　　机工教育服务网：www.cmpedu.com

前言

FOREWORD

  工业机器人是"制造业皇冠顶端的明珠",其研发、制造、应用是衡量一个国家科技创新和高端制造业水平的重要标志。在科技革命和产业革命加速演进的大趋势下,国内工业机器人产业发展迅猛。推进工业机器人的广泛应用,对于改善劳动条件,提高生产率和产品质量,带动相关学科发展和技术创新能力提升,促进产业结构调整、发展方式转变和工业转型升级具有重要意义。

  党的二十大报告指出,要"推进新型工业化,加快建设制造强国"。国家先后出台《"十四五"智能制造发展规划》《"十四五"机器人产业发展规划》等一系列相关规划,将机器人产业作为战略性新兴产业给予重点支持。《"十四五"机器人产业发展规划》(下面简称《规划》)提出,到2025年,我国将成为全球机器人技术创新策源地、高端制造集聚地和集成应用新高地。"十四五"期间,将推动一批机器人核心技术和高端产品取得突破,整机综合指标达到国际先进水平,关键零部件性能和可靠性达到国际同类产品水平;机器人产业营业收入年均增速超过20%;形成一批具有国际竞争力的领军企业及一大批创新能力强、成长性好的专精特新"小巨人"企业,建成3~5个有国际影响力的产业集群;制造业机器人密度实现翻番。从技术突破、基础提升、优化供给、拓展应用和打造生态等多个维度推动机器人产业高质量发展。《规划》还提出了4个行动:机器人核心技术攻关行动、机器人关键基础提升行动、机器人创新产品发展行动、"机器人+"应用行动。基于产业对于机器人技术领域人才的迫切需要,中、高职院校和本科院校纷纷开设机器人相关专业。《国家职业教育改革实施方案》中明确提出,在职业院校及应用型本科院校启动实施学历证书+职业技能等级证书制度(1+X证书制度试点工作)。1+X证书制度的启动和实施,极大地促进了高素质技术技能人才培养和评价模式的改革。

  为更好地实施工业机器人应用编程职业技能等级证书制度试点工作,使广大职业院校师生、企业及社会人员更好地掌握相应职业技能,并熟悉1+X职业技能等级证书考核评价标准,北京赛育达科教有限责任公司协同天津博诺智创机器人技术有限公司,基于工业机器人应用领域一体化教学创新平台(BNRT-IRAP-KR4),对照《工业机器人应用编程职业技能等级标准》,结合工业机器人在工厂中的实际应用,从工业机器人涂胶、焊接、激光雕刻、搬运、码垛及装配应用编程等方面组织编写了本书。

  本书由北京赛育达科教有限责任公司王志强、天津职业技术师范大学邓三鹏、天津机电职业技术学院张维津、湄洲湾职业技术学院陈辉煌任主编,参与编写工作的还有北京赛育达科教有限责任公司耿东川、陈玲芝、陈飞,天津机电职业技术学院王海玲,济南职业学院王平嶂,天津市职业大学张永飞、邓茜,重庆工程职业技术学院李诚,唐山工业职业技术学院田超、张会华，天津渤海职业技术学院徐霁堂，昆山开放大学赵子云，天津博诺智创机器人技术有限公司王帅、李想，库卡机器人（上海）有限公司陈宏，安徽博皖机器人有限公司刘彦，湖北博诺机器人有限公司韩浩。天津职业技术师范大学机器人及智能装备研究院李辉教授、蒋永翔教授、祁宇明副教授、孙宏昌副教授、石秀敏副教授，研究生王振、张凤丽、罗明坤、夏育泓、邢明亮、时文才、李绪、陈伟、陈耀东、李丁丁、潘志伟、林毛毛等参加了素材收集、文字图片处理、实验验证、学习资源制作等辅助编写工作。

本书得到了全国职业院校教师教学创新团队建设体系化课题研究项目（TX20200104）和天津市智能机器人技术及应用企业重点实验室开放课题的资助，以及全国机械职业教育教学指导委员会、库卡机器人（上海）有限公司、天津市机器人学会、天津职业技术师范大学机械工程学院、机器人及智能装备研究院等单位的大力支持和帮助，在此深表谢意！机械工业教育发展中心陈晓明主任、天津职业技术师范大学李辉教授对本书进行了细致审阅，提出许多宝贵意见，在此表示衷心的感谢。

由于编者水平所限，书中难免存在不妥之处，恳请同行专家和读者不吝赐教、批评指正。联系邮箱：37003739@qq.com。

教学资源网址：www.dengsanpeng.com。

编　者

目 录
CONTENTS

前言
项目一　工业机器人应用编程创新平台认知 ………………… 1
　学习目标 …………………………… 1
　工作任务 …………………………… 1
　实践操作 …………………………… 1
　知识拓展 ………………………… 14
　评价反馈 ………………………… 18
　练习与思考题 …………………… 18
项目二　工业机器人涂胶应用编程 ………… 19
　学习目标 ………………………… 19
　工作任务 ………………………… 19
　实践操作 ………………………… 21
　知识拓展 ………………………… 43
　评价反馈 ………………………… 44
　练习与思考题 …………………… 45
项目三　工业机器人焊接应用编程 ………… 46
　学习目标 ………………………… 46
　工作任务 ………………………… 46
　实践操作 ………………………… 47
　知识拓展 ………………………… 68
　评价反馈 ………………………… 71
　练习与思考题 …………………… 71
项目四　工业机器人激光雕刻应用编程 ……………………… 73
　学习目标 ………………………… 73
　工作任务 ………………………… 73
　实践操作 ………………………… 74
　知识拓展 ………………………… 89
　评价反馈 ………………………… 90
　练习与思考题 …………………… 91
项目五　工业机器人搬运应用编程 ………… 92
　学习目标 ………………………… 92
　工作任务 ………………………… 92
　实践操作 ………………………… 93
　知识拓展 ……………………… 106
　评价反馈 ……………………… 109
　练习与思考题 ………………… 110
项目六　工业机器人码垛应用编程 ……… 112
　学习目标 ……………………… 112
　工作任务 ……………………… 112
　实践操作 ……………………… 113
　知识拓展 ……………………… 141
　评价反馈 ……………………… 143
　练习与思考题 ………………… 144
项目七　工业机器人装配应用编程 ……… 145
　学习目标 ……………………… 145
　工作任务 ……………………… 145
　实践操作 ……………………… 147
　知识拓展 ……………………… 163
　评价反馈 ……………………… 165
　练习与思考题 ………………… 166
附录　工业机器人应用编程职业技能等级证书（KUKA初级）实操考核任务书 ……………… 167
参考文献 ……………………………… 169

项目一 工业机器人应用编程创新平台认知

学习目标

1. 熟悉工业机器人应用编程职业技能初级标准。
2. 掌握工业机器人应用领域一体化教学创新平台（BNRT-IRAP-KR4）的组成及安装。
3. 了解 KUKA-KR4 型工业机器人的性能指标。
4. 熟悉 KUKA-KR4 型工业机器人开机和关机操作流程。

工作任务

1. 学习工业机器人应用编程职业技能初级标准。
2. 了解工业机器人应用领域一体化教学创新平台的组成及各模块的功能。
3. 掌握工业机器人应用编程职业技能初级平台各功能模块的安装方法。
4. 完成 KUKA-KR4 型工业机器人系统的启动和关闭。

实践操作

一、知识储备

1. 工业机器人应用编程职业技能初级标准解读

工业机器人应用编程职业技能初级标准规定了工业机器人应用编程所对应的工作领域、工作任务及职业技能要求，适用于工业机器人应用编程职业技能培训、考核与评价，相关用人单位的人员聘用等。

工业机器人应用编程职业技能初级标准要求：能遵守安全操作规范，能对工业机器人进行参数设定，能手动操作工业机器人；能按照工艺要求熟练使用基本指令对工业机器人进行示教编程，可以在相关工作岗位从事工业机器人操作编程、应用维护和安装调试等工作。工业机器人应用编程职业技能初级标准见表 1-1。

表 1-1 工业机器人应用编程职业技能初级标准

工作领域	工作任务	职业技能要求
工业机器人参数设置	工业机器人运行参数设置	1）能够通过示教器或控制器设定工业机器人手动、自动等运行模式 2）能够根据工作任务要求用示教器设定运行速度 3）能够根据操作手册设定语言界面、系统时间、用户权限等环境参数

（续）

工作领域	工作任务	职业技能要求
工业机器人参数设置	工业机器人坐标系设置	1）能够根据工作任务要求选择和调用世界坐标系、基坐标系、用户（工件）坐标系、工具坐标系等 2）能够根据操作手册，创建工具坐标系，并使用四点法、六点法等方法进行工具坐标系标定 3）能够根据工作任务要求，创建用户（工件）坐标系，并使用三点法等方法进行用户（工件）坐标系标定
工业机器人操作	工业机器人手动操作	1）能够根据安全规程，正确起动、停止工业机器人，安全操作工业机器人 2）能够及时判断外部危险情况，操作紧急停止按钮等安全装置 3）能够根据工作任务要求，选择和使用手爪、吸盘、焊枪等末端操作器 4）能够根据工作任务要求使用示教器，对工业机器人进行单轴、线性、重定位等操作
工业机器人操作	工业机器人试运行	1）能够根据工作任务要求，选择和加载工业机器人程序 2）能够使用单步、连续等方式运行工业机器人程序 3）能够根据运行结果对工业机器人位置、姿态、速度等程序参数进行调整
工业机器人操作	工业机器人系统备份与恢复	1）能够根据用户要求对工业机器人程序、参数等数据进行备份 2）能够根据用户要求对工业机器人程序、参数等数据进行恢复 3）能够进行工业机器人程序、配置文件等导入、导出
工业机器人示教编程	基本程序示教编程	1）能够使用示教器创建程序，对程序进行复制、粘贴、重命名等编辑操作 2）能够根据工作任务要求使用直线、圆弧、关节等运动指令进行示教编程 3）能够根据工作任务要求修改直线、圆弧、关节等运动指令参数和程序
工业机器人示教编程	简单外围设备控制示教编程	1）能够根据工作任务要求，运用机器人 I/O 设置传感器、电磁阀等参数，编制供料等装置的工业机器人的上、下料程序 2）能够根据工作任务要求，设置传感器、电动机驱动器等参数，编制输送等装置的工业机器人的上、下料程序 3）能够根据工作任务要求，设置传感器等 I/O 参数，编制立体仓库等装置的工业机器人上、下料程序
工业机器人示教编程	工业机器人典型应用示教编程	1）能够根据工作任务要求，编制搬运、装配、码垛、涂胶等工业机器人应用程序 2）能够根据工作任务要求，编制搬运、装配、码垛、涂胶等综合流程的工业机器人应用程序 3）能够根据工艺流程调整要求及程序运行结果，对搬运、装配、码垛、涂胶等工业机器人应用程序进行调整

该标准主要面向工业机器人本体制造、系统集成、生产应用、技术服务等各类企业和机构，在工业机器人单元和生产线操作编程、安装调试、运行维护、系统集成以及营销与服务等岗位，从事工业机器人应用系统操作编程、离线编程及仿真、工业机器人系统二次开发、工业机器人系统集成与维护、自动化系统设计与升级改造、售前售后支持等工作，或从事工业机器人技术推广、实验实训和机器人科普等工作的技术人员。

2. 平台简介

工业机器人应用领域一体化教学创新平台（BNRT-IRAP-KR4）是严格按照1+X工业机器人应用编程职业技能等级标准开发的实训、培训和考核的一体化教学创新平台，适用于工业机器人应用编程初、中、高级职业技能等级的培训考核，它以工业机器人典型应用为核心，配套丰富的功能模块，可满足工业机器人轨迹、搬运、码垛、分拣、涂胶、焊接、抛光打磨、装配等典型应用场景的示教和离线编程，也可满足射频识别（RFID）、智能相机、行走轴、变位机、虚拟调试和二次开发等工业机器人系统技术的教学。该平台采用模块化设计，可按照培训和考核要求灵活配置，它集成了工业机器人示教编程、离线编程、虚拟调试、伺服驱动、PLC控制、变频控制、人机接口（HMI）、机器视觉、传感器应用、液压与气动、总线通信、数字孪生和二次开发等技术。工业机器人应用领域一体化教学创新平台如图1-1所示。

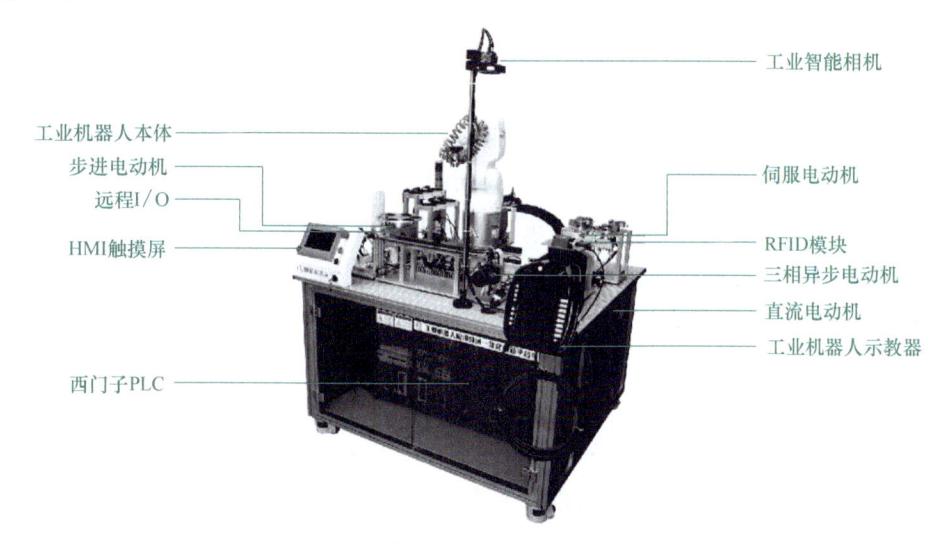

图1-1 工业机器人应用领域一体化教学创新平台

3. 模块简介

（1）工业机器人本体　图1-2所示为KUKA-KR4型工业机器人本体，设备配套负载为4kg的KUKA-KR4型6自由度工业机器人1台。KR4型工业机器人的主要特点是：①节拍<0.4s；②四路气管内置；③灵活且易于集成；④可靠且维护成本低；⑤结构紧凑，空间覆盖范围广；⑥高性能且紧凑的外形设计；⑦工业级设计，高级别防护等级。KUKA-KR4型工业机器人主要参数见表1-2。

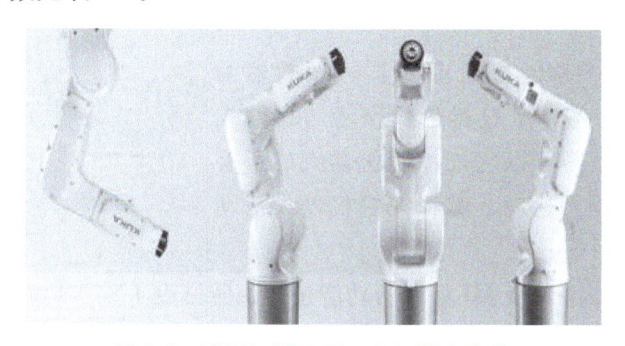

图1-2 KUKA-KR4型工业机器人本体

表1-2　KUKA-KR4型工业机器人主要参数

型号	KUKA-KR4	轴数	6轴
有效载荷	4kg	重复定位精度	±0.02mm
环境温度	0~55℃	本体质量	27kg
控制器	KR C5Micro	安装方式	任意角度
功能	装配、物料搬运	最大臂展	601mm
防护等级	IP40	噪声	<68db(A)
各轴运动范围		最大单轴速度	
A1轴	±170°	A1轴	360°/s
A2轴	-195°~40°	A2轴	360°/s
A3轴	-115°~150°	A3轴	488°/s
A4轴	±185°	A4轴	600°/s
A5轴	±120°	A5轴	529°/s
A6轴	±350°	A6轴	800°/s

说明：

1）有效载荷：机器人在工作时能够承受的最大载重。如果将零件从一个位置搬至另一个位置，就需要将零件的重量和机器人手爪的重量计算在内。

2）重复定位精度：机器人在完成每一个循环后，到达同一位置的精确度/差异度。

3）最大臂展：机械臂所能达到的最大距离。

4）防护等级：由两个数字组成，第一个数字表示防尘、防止外物侵入的等级，第二个数字表示防湿气、防水侵入的密闭程度，数字越大，表示其防护等级越高。

5）各轴运动范围：KUKA-KR4型机器人由六个轴串联而成，由下至上分别为A1、A2、A3、A4、A5、A6，每个轴的运动均为转动。

6）最大单轴速度：机器人单个轴运动时，参考点在单位时间内能够移动的距离（mm/s）、转过的角度或弧度[(°)/s或rad/s]。

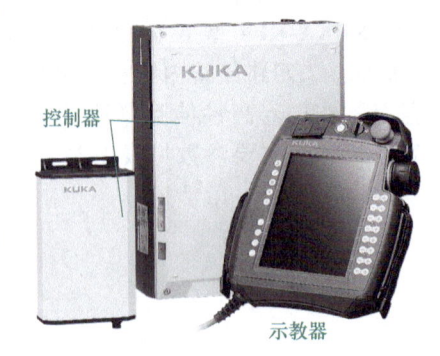

（2）工业机器人控制系统　工业机器人控制系统（图1-3）由机器人控制器、伺服驱动器、示教器和机箱等组成，用于控制和操作工业机器人本体。工业机器人KRC5控制系统配置有数字量I/O模块和工业以太网及总线模块。

1）示教器。KUKA-KR4型工业机器人示教器为smartPAD，如图1-4所示。示教器是操作者与机器人交互的设备，使用示教器可以完成控制机器人的所有功能，如手动控制机器人运动、编程控制机器人运动以及设置I/O交互信号等。

图1-3　工业机器人控制系统

2）功能区与接口。smartPAD示教器功能按键说明见表1-3，界面功能见表1-4，开机界面布局如图1-5所示。

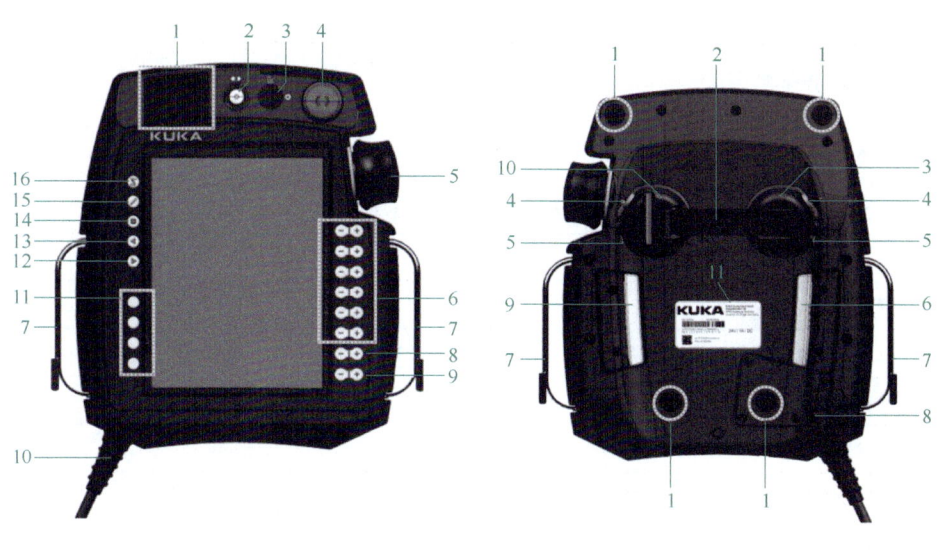

项目一 工业机器人应用编程创新平台认知

a) 示教器正面　　　　b) 示教器背面

图 1-4　smartPAD 正面和背面

表 1-3　smartPAD 示教器功能按键说明（序号所指参见图 1-4）

序号	示教器正面说明
1	2 个有盖的 USB 2.0 接口：可用于插入 U 盘进行存档。支持 NTFS 和 FAT32 格式的 U 盘
2	用于拔下 smartPAD 的按键
3	运行方式选择开关，可按以下选型进行设计： 1）带钥匙：只有在插入钥匙的情况下才能更改运行方式 2）不带钥匙：通过运行方式选择开关可以调用连接管理器，通过连接管理器可以切换运行方式
4	紧急停止按钮：用于在危险情况下关停机器人。按下时，它将会自行闭锁
5	空间鼠标（6D 鼠标）：用于手动操纵机器人
6	移动键：用于手动移动机器人
7	有尼龙搭扣的手带。如果不使用手带，则手带可以被全部拉入
8	用于设定程序倍率的按键
9	用于设定手动倍率的按键
10	连接线
11	状态键：主要用于设定备选软件包中的参数。其确切的功能取决于所安装的备选软件包
12	启动键：可启动一个程序
13	逆向启动键：可逆向启动一个程序，程序将逐步执行
14	停止键：按下时暂停正在运行的程序
15	键盘按键：显示键盘。通常不需要将键盘显示出来，因为 smartHMI 可自动识别需要使用键盘输入的情况并自动显示键盘
16	主菜单按键：用于显示和隐藏 smartHMI 上的主菜单。此外，可以通过它创建屏幕截图
序号	示教器背面说明
1	用于固定（可选）背带的按键
2	拱顶座支撑带

(续)

序号	示教器背面说明
3	左侧拱顶座:用右手握 smartPAD
4	确认开关:具有 3 个位置,即未按下、中位和完全按下(紧急位置) 只有当至少一个确认开关保持在中间位置时,方可在测试运行方式下运行机器人 在采用自动运行模式和外部自动运行模式时,确认开关不起作用
5	启动键(绿色):可启动一个程序
6	确认开关
7	有尼龙搭扣的手带。如果不使用手带,则手带可以被全部拉入
8	盖板(连接电缆盖板)
9	确认开关
10	右侧拱顶座:用左手握 smartPAD
11	铭牌

表 1-4 示教器界面功能

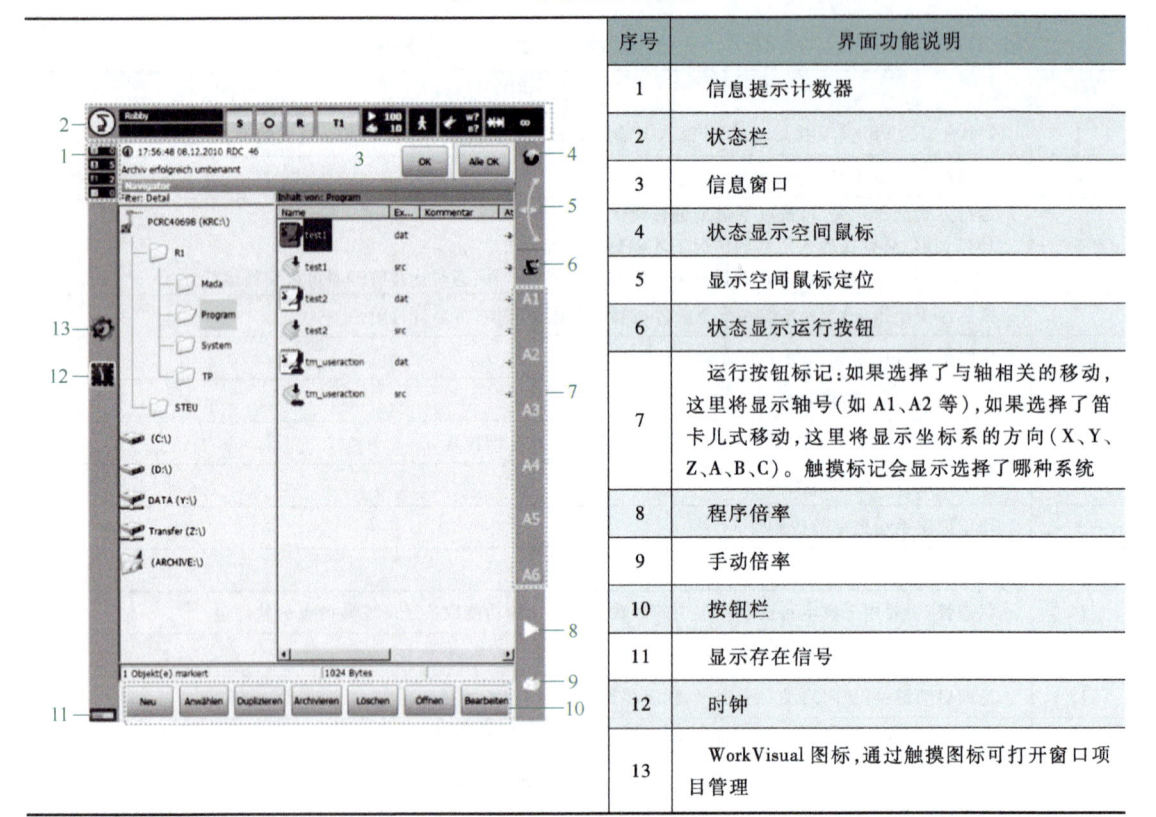

序号	界面功能说明
1	信息提示计数器
2	状态栏
3	信息窗口
4	状态显示空间鼠标
5	显示空间鼠标定位
6	状态显示运行按钮
7	运行按钮标记:如果选择了与轴相关的移动,这里将显示轴号(如 A1、A2 等),如果选择了笛卡儿式移动,这里将显示坐标系的方向(X、Y、Z、A、B、C)。触摸标记会显示选择了哪种系统
8	程序倍率
9	手动倍率
10	按钮栏
11	显示存在信号
12	时钟
13	WorkVisual 图标,通过触摸图标可打开窗口项目管理

3)示教器握持方法。双手握持示教器,使机器人进行点动运动时,四指需要按下确认开关,使机器人处于伺服开的状态,具体方法如图 1-5 所示。

(3)平台应用模块简介 工业机器人应用领域一体化教学创新平台应用模块说明见表 1-5。

项目一 工业机器人应用编程创新平台认知

图 1-5 示教器握持方法

表 1-5 平台应用模块说明

应用模块说明	模块示意图
标准培训台：由铝合金型材搭建，四周安装有机玻璃可视化门板，底部安装金属板，平台上安装有快换支架，可根据培训项目自行更换模块位置	
快换工具模块：上图为整体视图，由工业机器人快换工具、支撑架和检测传感器组成。下图为焊接工具（A）、激光笔工具（B）、两爪夹具（C、D）、吸盘工具（E）和涂胶工具（F）。可根据培训项目由机器人自动更换夹具，完成不同的培训考核内容	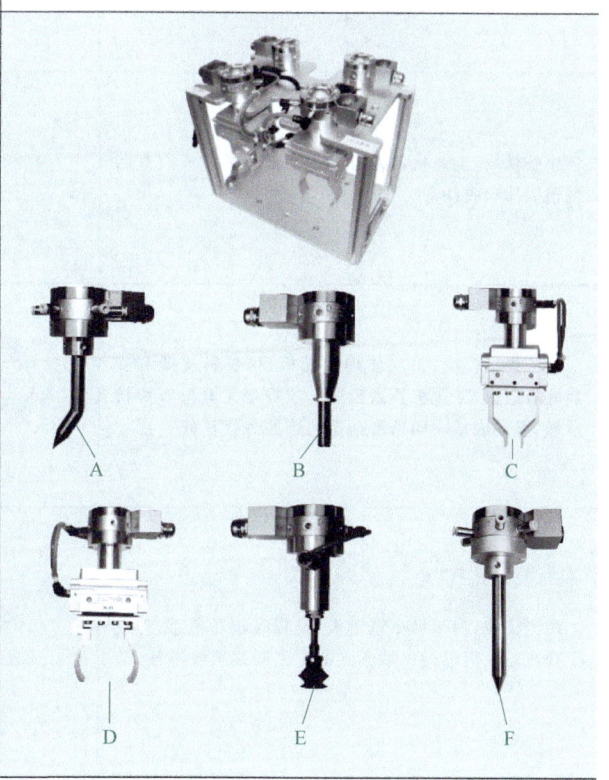

（续）

应用模块说明	模块示意图
旋转供料模块：由旋转供料台（A）、支撑架（B）、安装底板（C）和步进电动机（D）等组成。采用步进驱动旋转供料，用于机器人协同作业，完成供料及中转任务	
原料仓储模块：用于存放柔轮、波发生器和轴套，由机器人末端夹爪分别拾取至旋转供料模块进行装配	
码垛模块：工业机器人通过吸附工具按程序要求对物料进行码垛培训，物料上下表面设有定位结构，可精确完成物料的码垛、解垛	
涂胶模块：工业机器人可通过涂胶工具完成汽车后视镜壳体涂胶任务	
模拟焊接模块：由立体焊接面板、可旋转支架和安装底板组成，工业机器人通过末端焊接工具进行焊接示教，可完成从不同角度指定轨迹的焊接任务	
雕刻模块：由弧形不锈钢板、安装底板和把手组成，工业机器人可通过末端激光笔完成雕刻示教任务	

项目一 工业机器人应用编程创新平台认知

（续）

应用模块说明	模块示意图
快换底座模块：由铝合金支撑板、底板及铝合金支撑柱组成，上表面留有快换安装孔，便于离线编程模块快速拆装	
装配用样件套装（谐波减速器模型）	输出法兰 中间法兰 轴套 波发生器 柔轮 刚轮
主控系统采用西门子S7-1200系列PLC，使用博途软件进行编程，通过工业以太网通信配合工业机器人完成外围控制任务	
人机交互系统包含触摸屏、指纹机和按钮指示灯，其中按钮指示灯具有设备开关机指示、模式切换指示、电源状态指示和设备急停指示等功能，触摸屏选用西门子KTP700面板，用于设备的数据监控操作	

（续）

应用模块说明	模块示意图
外围控制套件：左图为可调压油水分离器，右图为三色指示灯	
考核管理系统共分4个模块：权限管理模块、培训管理模块、考核管理模块和证书管理模块	
身份验证系统是结合考核管理系统进行人证识别的终端。系统确认比对人与有效证件信息一致后，方可通过验证并记录相关信息	
数字化监控系统由工业以太网交换机、网络硬盘录像机、显示器、场景监控和机柜等组成	

二、工业机器人应用编程初级平台的模块安装

1. 场地准备

1）每个工位至少保证 $6m^2$ 的面积，每个工位有固定台面，采光良好，光照不足的部分采用照明补充。

2）场地应干净整洁，无环境干扰，空气流通，有防火措施。实训前检查应准备的材料、设备和工具是否齐全。

3）各平台均需提供单相交流 220V 电源供电设备及 0.5~0.8MPa 压缩空气气源，各平台电源有独立的短路保护、漏电保护等装置。

2. 硬件准备

工业机器人应用编程初级平台设备清单见表1-6。

表1-6 平台设备清单

序号	设备名称	数量	序号	设备名称	数量
1	工业机器人本体	1套	9	模拟焊接模块	1套
2	工业机器人示教器	1套	10	雕刻模块	1套
3	工业机器人控制器	1套	11	搬运模块	1套
4	工业机器人应用编程标准实训台	1套	12	电气控制系统	1套
5	快换工具模块	1套	13	身份验证系统	1套
6	快换底座	1套	14	外围控制套件	1套
7	涂胶模块	1套	15	考核管理系统	1套
8	码垛模块	1套	16	数字化监控系统	1套

3. 参考资料准备

平台配套计算机需要提前准备如下参考资料，并提前放置在"D:\1+X实训\参考资料"文件夹下：

1）KUKA-KR4型工业机器人操作编程手册。

2）1+X平台信号表（初级）。

3）1+X快插电气接口图。

4. 工量具及防护用品准备

相关工量具及防护用品按照表1-7所列清单准备，建议但不局限于表中列出的工量具。

表1-7 工量具及防护用品清单

序号	名称	数量	序号	名称	数量
1	内六角扳手	1套	6	活扳手	1个
2	一字螺钉旋具	1套	7	尖嘴钳	1把
3	十字螺钉旋具	1套	8	工作服	1套
4	验电笔	1支	9	安全帽	1个
5	万用表	1个	10	电工鞋	1双

5. 模块安装

检查工业机器人应用领域一体化教学创新平台（BNRT-IRAP-KR4）所涉及的电、气路及模块快换接口。图1-6所示为快换模块更换用的回字块。平台所用快换模块均可通过回字块进行快速安装，根据任务要求自由配置和布局，并完成接线。

（1）机械安装　图1-7所示为一种快换模块，其安装底面有四个定位销。通过回字块定位孔与快换模块底面定位销配合，可实现平台上各模块的快速、精确安装。通过紧固螺孔可使模块与回字块连接更加牢固，以满足不同任务的需求。

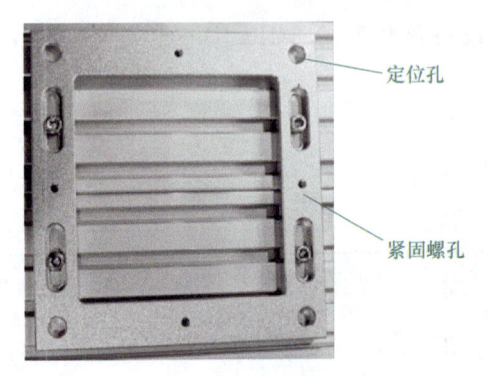

图1-6　回字块

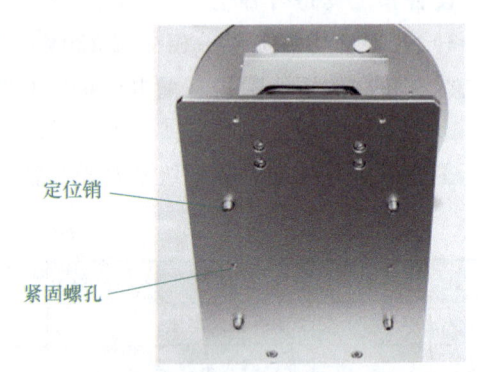

图1-7　快换模块安装底面

（2）安装样例　图1-8所示为平台模块安装前的俯视图，图1-9所示为平台安装部分模块样例。本项目所用的快换工具模块、旋转供料模块和快换底座模块都可通过回字块快速安装、固定在平台上。所用涂胶模块、模拟焊接模块和码垛模块通过四个定位销和定位孔安装到快换底座上，培训和考核时可根据不同任务自由设计和布局各模块。

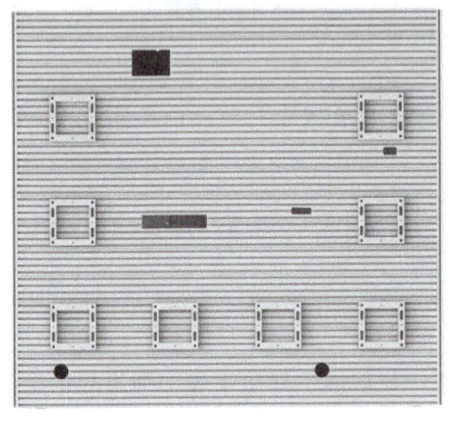

图1-8　模块安装前的俯视图

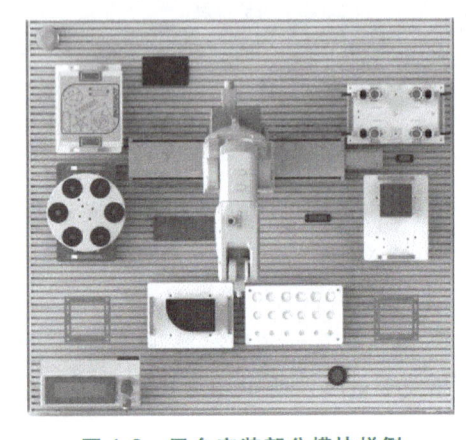

图1-9　平台安装部分模块样例

（3）电气与气路安装接口　图1-10a所示为气路快换接口，图1-10b所示为电路快换接口和网口，图1-10c所示为快换航空插头。

6. KUKA-KR4型工业机器人开机和关机

工业机器人应用领域一体化教学创新平台（BNRT-IRAP-KR4）的电源开关位于触摸屏的右下侧，如图1-11所示。KUKA-KR4型工业机器人控制器电源开关位于操作面板的左下角，如图1-12所示。

a) b) c)

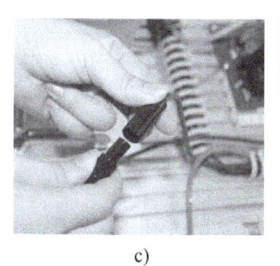

图 1-10 电气快换接口

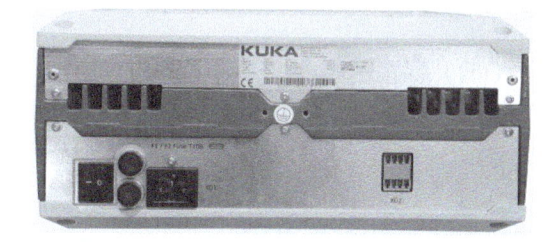

图 1-11 触摸屏

图 1-12 KUKA-KR4 型工业机器人控制器

（1）工业机器人开机　工业机器人开机包括以下步骤：

1）检查工业机器人周边设备、作业范围是否符合开机条件。

2）检查电路、气路接口是否连接正常。

3）确认工业机器人控制器和示教器上的急停按钮是否已经按下。

4）打开平台电源开关。

5）打开工业机器人控制器电源开关。

6）打开气泵开关和供气阀门。

7）示教器显示界面自动开启，开机完成。

（2）工业机器人关机　工业机器人关机包括以下步骤：

1）将工业机器人控制器模式开关切换到手动操作模式。

2）手动操作工业机器人返回到原点位置。

3）按下示教器上的急停按钮。

4）按下工业机器人控制器上的急停按钮。

5）将示教器放到指定位置。

6）关闭工业机器人控制器电源开关。

7）关闭气泵开关和供气阀门。

8）关闭平台电源开关。

9）整理工业机器人系统周边设备、电缆及工件等物品。

（3）紧急停止装置　紧急停止装置也称急停按钮，当发生紧急情况时，用户可以通过快速按下此按钮来达到保护机械设备和自身安全的目的。平台上的触摸屏和示教器上分别设有急停按钮。

知识拓展

一、KUKA 工业机器人

库卡（KUKA）机器人有限公司建立于1898年，公司总部位于德国奥格斯堡，是世界领先的工业机器人制造商，机器人四大家族之一。KUKA公司向客户提供一站式解决方案：从机器人、工作单元到全自动系统及其联网，市场领域遍及汽车、电子产品、金属和塑料、消费品、电子商务/零售和医疗保健。我国家电企业美的集团在2017年顺利收购KUKA公司94.55%的股权。KUKA工业机器人产品组合如图1-13所示，其主要产品系列见表1-8。

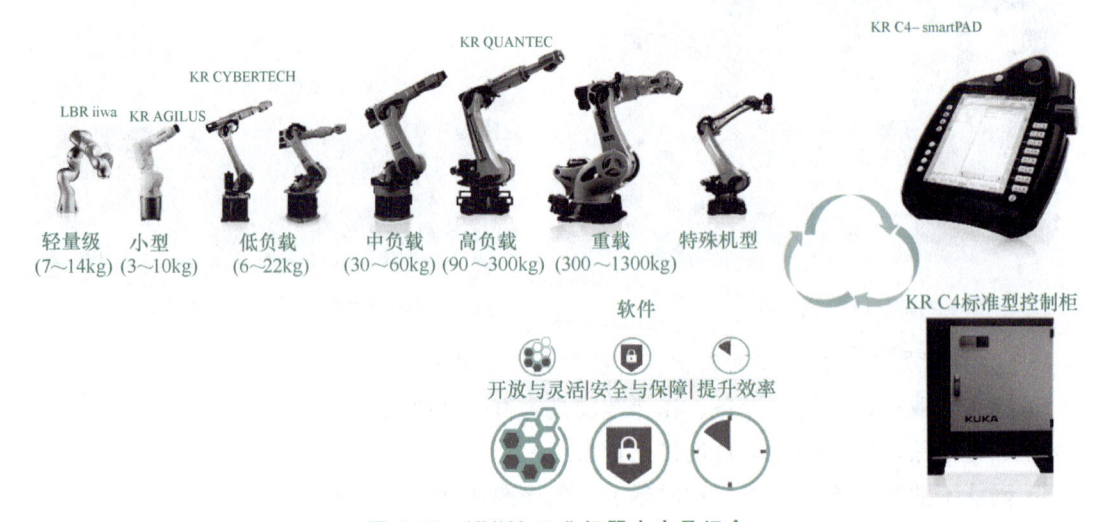

图 1-13 KUKA 工业机器人产品组合

表 1-8 KUKA 工业机器人的主要产品系列

分　　类	型　　号	图　片	应用领域
小型机器人，产品规格为3~10kg的有效载荷以及540~1100mm的作用范围	KR 4 R600 KR 6 R700/900-2 KR 10 R900/1100-2		专为小型零部件装配和搬运任务而设计，主要应用于紧固、焊接、涂胶、包装、组装、检验、取放和打标等
低负载机器人，产品规格为6~22kg的有效载荷以及1420~2100mm的作用范围	KR 6 R1820 KR 8 R1420/2010-2 KR 8 R1620 KR 10 R1420 KR 12 R1810-2 KR 16 R1610/2610-2 KR 20 R1810-2 KR 22 R1610-2		主要应用于弧焊、上下料、涂胶、CNC、多机协同、装配等

(续)

分 类	型 号	图 片	应 用 领 域
中负载机器人，产品规格为 30～60kg 的有效载荷以及 2033～3100mm 的作用范围	KR 30/60-3 KR 30 L16-3 KR 30 -3 KR 60 L30-3 KR 60 L45-3 KR 60-3		主要应用于 CNC、激光焊接、铣削、装配、上下料、搬运、折弯和弧焊等
高负载机器人，产品规格为 90～300kg 的有效载荷以及 2700～3900mm 的作用范围	KR 120 R2700/3100-2 KR 150 R2700/3100-2 KR 180 R2900-2 KR 210 R2700/3100-2 KR 210 R3300-2K KR 240 R2900-2 KR 250 R2700-2 KR 270 R3100-2K KR 300 R2700-2		主要应用于上下料、去毛刺、清洗、X 射线扫描、搬运、切削、电焊和铸造等
重载机器人，产品规格为 300～1300kg 的有效载荷以及 2830～3330mm 的作用范围	KR 240 R3330 KR 280 R3080 KR 340 R3330 KR 360 R2830 KR 420 R3080/3330 KR 500 R2830 KR 510 R3080 KR 600 R2830		主要应用于铣削、钻孔、测试和娱乐等
Titan，产品规格为 750～1000kg 的有效载荷以及 3200～3600mm 的作用范围	KR 1000 L750 Titan KR 1000 Titan		主要应用于搬运

（续）

分　类	型　号	图　片	应用领域
码垛机器人，产品规格为40~1300kg的有效载荷以及3200~3600mm的作用范围	KR 120 R3200 PA KR 180 R3200 KR 240 R3200 PA KR 300-2 PA KR 470-2 PA KR 700 PA KR 1000 L950 Titan PA KR 1000 L1300 Titan PA		主要应用于码垛
SCARA工业机器人	KUKA SCARA		适用于装配、接合任务以及拾取、放置等
灵敏型机器人	LBR iiwa		主要应用于螺栓连接、装载、搬运、装配、检测、抛光、装配和涂胶等

二、工业机器人的主要性能指标

1. 自由度

机器人的自由度是指描述机器人本体（不含末端执行器）相对于基坐标系（机器人坐标系）进行独立运动的数目，表现为机器人动作灵活的程度，一般以轴的直线移动、摆动或旋转动作的数目来表示。工业机器人一般采用空间开链连杆机构，其中的运动副（转动副或移动副）常称为关节，关节个数通常为工业机器人的自由度数，大多数工业机器人有3~6个运动自由度，如图1-14所示。

2. 工作空间

工作空间又称为工作范围、工作区域。机器人的

图1-14　KUKA-KR4型六自由度机器人

工作空间是指机器人手臂末端或手腕中心（手臂或手部安装点）所能到达的所有点的集合，不包括手部本身所能到达的区域。末端执行器的形状和尺寸是多种多样的，因此，为真实反映机器人的特征参数，工作空间一般为机器人未装任何末端执行器时的最大空间。机器人外形尺寸和工作空间如图 1-15 所示。

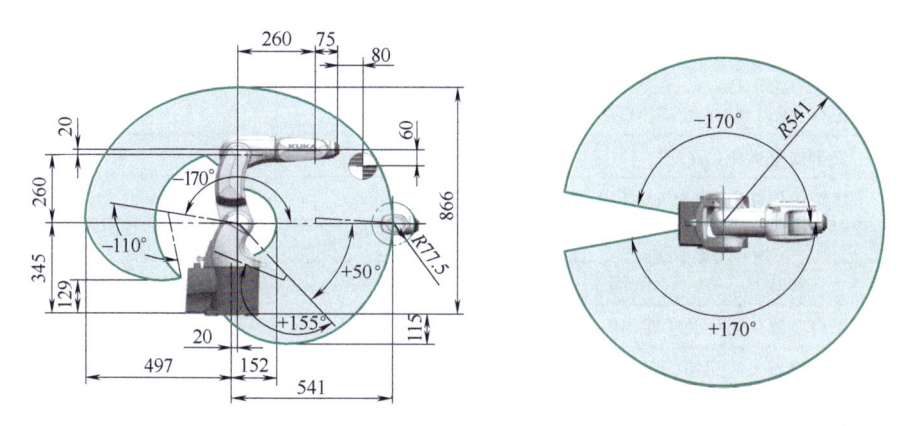

图 1-15 机器人的外形尺寸和工作空间

工作空间的形状和大小是十分重要的，机器人在执行某作业时可能会因存在手部不能到达的作业死区而不能完成任务。

3. 负载能力

负载是指机器人在工作时能够承受的最大载重。如果将零件从一个位置搬至另一个位置，就需要将零件的重量和机器人手爪的重量计算在负载内。目前使用的工业机器人负载范围为 0.5~800kg。

4. 工作精度

工业机器人的工作精度是指定位精度（也称绝对精度）和重复定位精度。定位精度是指机器人手部实际到达位置与目标位置之间的差异，用反复多次测试的定位结果的代表点与指定位置之间的距离来表示。重复定位精度是指机器人重复定位手部于同一目标位置的能力，以实际位置值的分散程度来表示。目前，工业机器人的重复定位精度可达±0.01~±0.5mm。工业机器人典型行业应用的工作精度见表 1-9。

表 1-9 工业机器人典型行业应用的工作精度

作业任务	额定负载/kg	重复定位精度/mm
搬运	5~200	±0.2~±0.5
码垛	50~800	±0.5
点焊	50~350	±0.2~±0.3
弧焊	3~20	±0.08~±0.1
涂装	5~20	±0.2~±0.5
装配	2~5	±0.02~±0.03
装配	6~10	±0.06~±0.08
装配	10~20	±0.06~±0.1

评价反馈

评价反馈见表1-10。

表1-10 评价反馈

基本素养(30分)				
序号	评估内容	自评	互评	师评
1	纪律(无迟到、早退、旷课)(10分)			
2	安全规范操作(10分)			
3	团结协作能力、沟通能力(10分)			
理论知识(40分)				
序号	评估内容	自评	互评	师评
1	平台各模块名称及功能(10分)			
2	工业机器人应用编程职业技能初级标准内容(20分)			
3	工业机器人性能参数包含内容(10分)			
技能操作(30分)				
序号	评估内容	自评	互评	师评
1	工业机器人示教器的使用(10分)			
2	平台功能模块的安装(10分)			
3	各种快换接口的安装(5分)			
4	平台所用机器人型号的识别(5分)			
综合评价				

练习与思考题

一、填空题

1. 工业机器人应用领域一体化教学创新平台是严格按照《工业机器人应用编程职业技能等级标准》开发的实训、培训和考核一体化教学创新平台,适用于工业机器人应用编程_____、_____、_____职业技能等级的培训考核。

2. 工业机器人工作精度是指_____(也称绝对精度)和_____。

3. 机器人的自由度是指工业机器人本体(不含末端执行器)相对于_____进行独立运动的数目。

4. 工业机器人负载范围为_____。

5. 工业机器人的重复定位精度可达_____。

二、简答题

1. 工业机器人应用领域一体化教学创新平台的初级培训考核需要哪些模块?
2. 工业机器人的性能指标主要有哪些?

项目二　工业机器人涂胶应用编程

学习目标

1. 掌握通过示教器设定工业机器人手动、自动运行模式的方法；能够根据工作任务设定运行速度，能够根据安全规程正确起动、停止工业机器人。

2. 熟悉示教器各按键的功能，能够通过示教器更改用户组、选择并设置运动方式，对工业机器人进行单轴、线性和工具坐标系标定等操作。

3. 能够手动安装涂胶工具，编制工业机器人涂胶应用程序，并根据工艺流程对程序进行调试、运行。

工作任务

一、工作任务的背景

涂胶机器人作为一种典型的涂胶自动化装备，具有工件涂层均匀、重复定位精度好、通用性强、工作效率高的优点，能够将工人从有毒、易燃、易爆的工作环境中解放出来。涂胶机器人已在汽车、机械制造、3C及家具建材等领域得到广泛应用。玻璃涂胶机器人如图2-1所示。

图2-1　玻璃涂胶机器人

人工涂胶和机器人涂胶对比如图2-2所示，机器人涂胶的产品质量优势显著。涂胶机器人涂胶质量影响因素主要有以下几点：

1）固定胶枪使用用户坐标系，机器人输出TCP（工具中心点）速度才能较真实地反映涂胶速度。

2)涂胶过程中速度不宜太快或波动太大,轨迹要尽量平滑,才能保证涂胶质量。

3)胶枪枪头粗细、涂胶机设置最大流量和机器人涂胶速度需要根据经验进行调试优化,涂胶质量优化也从这三个方面考虑。

4)只要速度波动不大,机器人涂胶时轨迹为圆弧,涂胶质量不受影响,不需要特意将速度减小。

5)涂胶机器人调试过程中需要严格按照说明书中的时序图进行控制,质量、安全才可得到保证。使用时需要特别注意起始速度值和开关胶枪的先后顺序。

图 2-2 人工涂胶和机器人涂胶对比

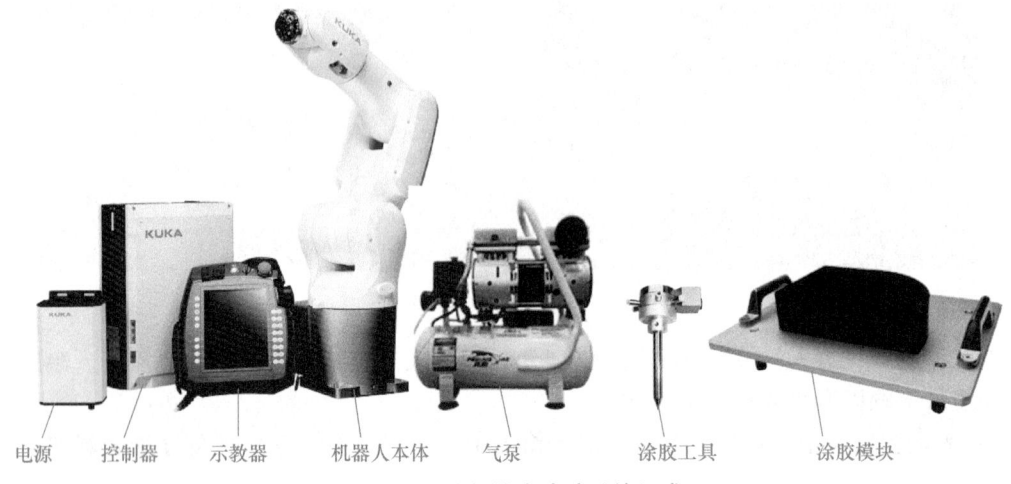

工业机器人涂胶系统可大幅度提高涂胶工作效率,省去大量人力,降低人工成本。但是在实际使用过程中各参数必须设置合理,否则会出现严重质量问题,故对工艺人员技能有一定要求。工业机器人涂胶系统在正常维护下至少能使用 10 年以上。随着大批量全自动化涂胶生产线的兴起,工业机器人涂胶系统将具有广泛市场前景和发展潜力。

二、所需要的设备

工业机器人涂胶系统涉及的主要设备包括工业机器人应用领域一体化教学创新平台(BNRT-IRAP-KR4)、KUKA-KR4 型工业机器人本体、电源、机器人控制器、示教器、气泵、涂胶工具和涂胶模块,如图 2-3 所示。

图 2-3 工业机器人涂胶系统组成

三、任务描述

将涂胶模块安装在工作台指定位置,在工业机器人末端手动安装涂胶工具,创建并正确命名程序,文件命名为"gelatinize",也可由操作者自己定义。进行工业机器人示教编程时,须调用根据任务要求所创建的基坐标系。按下启动按钮后,工业机器人自动从工作原点开始,按照图 2-4 中的红色曲线指定的涂胶轨迹,按照 1—2—3—4 的顺序进行涂胶操作。涂胶过程中,涂胶工具垂直向下,涂胶工具末端处于胶槽正上方,与胶槽边缘上表面处于同一水平面,且不能触碰胶槽边缘。完成涂胶操作后,工业机器人返回工作原点。

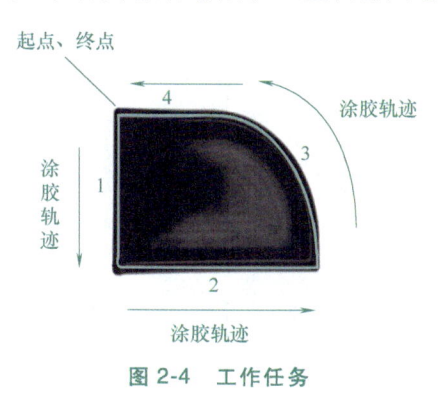

图 2-4 工作任务

实践操作

一、知识储备

1. 设备检查
1)检查机器人本体是否固定到位。
2)检查打包运输时的固定夹具和橡胶垫是否拆除。

2. 系统连接
1)连接机器人本体与机器人控制器间的电缆。
2)连接机器人本体与机器人控制器编码器间的电缆。
3)连接示教器与机器人控制器间的电缆。
4)将机器人控制器电源与外部电源连接。
5)在接通控制装置的电源之前,确保已将地线连接到机构部和控制部。

3. 系统上电
完成上述操作后,打开工业机器人控制器(图 1-12)电源开关启动系统,如果一切正常,从示教器上可以看到系统自动进入登录界面,用户可以根据不同的权限操作机器人。

4. KUKA smartPAD 手持示教器
smartPAD 是 KUKA 工业机器人手持示教器,具有工业机器人操作和编程所需的各种功能。smartPAD 配备了一个触摸屏——smartHMI,可用手指或指示笔进行操作,无需外部鼠标和外部键盘。

5. 更改用户组及新建文件夹
更改用户组及新建文件夹的操作步骤见表 2-1。

表 2-1　更改用户组及新建文件夹的操作步骤

操作步骤及说明	示意图
1)打开操作界面。按下示教器状态栏最左侧【主菜单】按钮,打开操作界面	
2)用户登录。进入主菜单,打开【配置】子菜单,选择【用户组】	
3)在用户组中选择【专家】,输入密码"KUKA",单击【登录】按钮,进入操作界面	

操作步骤及说明	示意图
4)建立程序文件夹。单击"R1"文件夹,单击示教器左下角【新】按钮新建文件夹,通过弹出的键盘输入文件夹名,然后单击示教器右下角【OK】按钮	

在 KUKA 系统软件(KSS)中,视用户组的不同有不同功能可供选择。用户组说明见表 2-2。

表 2-2 用户组说明

用户组	说明
操作人员	很有限的权限,不允许执行会永久更改系统的功能
用户	允许执行机器人正常运动所需的功能
专家	允许执行专业技术知识所需的功能
安全维护人员	允许执行系统维护所需的功能(包括安全技术),用户权限由于安装安全选项而受限制
安全调试员	允许执行系统调试所需的功能(包括安全技术)
管理员	允许执行所有功能(包括安全技术)

用户组默认密码为 kuka,新启动时将选择默认用户组。如果要切换至 AUT(自动)运行方式或 AUT EXT(外部自动)运行方式,则机器人控制系统将出于安全原因切换至默认用户组。如果希望选择另外一个用户组,则需要进行切换。如果在一段固定时间内未在操作界面进行任何操作,则机器人控制系统将出于安全原因切换至默认用户组,默认停留时间设置为 300s。

6. 选择并设置运行方式

1)KUKA 机器人的运行方式说明见表 2-3。

表 2-3 运行方式说明

运行方式		说明
T1	用于测试运行、编程和示教	程序验证:编程设定的最高速度为 250mm/s,手动运行时的最高速度为 250mm/s

(续)

运行方式		说　明
T2	用于测试运行	程序验证时的速度等于编程设定的速度 手动运行：无法进行
AUT	用于不带上级控制系统的工业机器人	程序执行时的速度等于编程设定的速度 手动运行：无法进行
AUT EXT	用于带上级控制系统（PLC）的工业机器人	程序执行时的速度等于编程设定的速度 手动运行：无法进行

2）KUKA 机器人的运行方式设置见表 2-4。

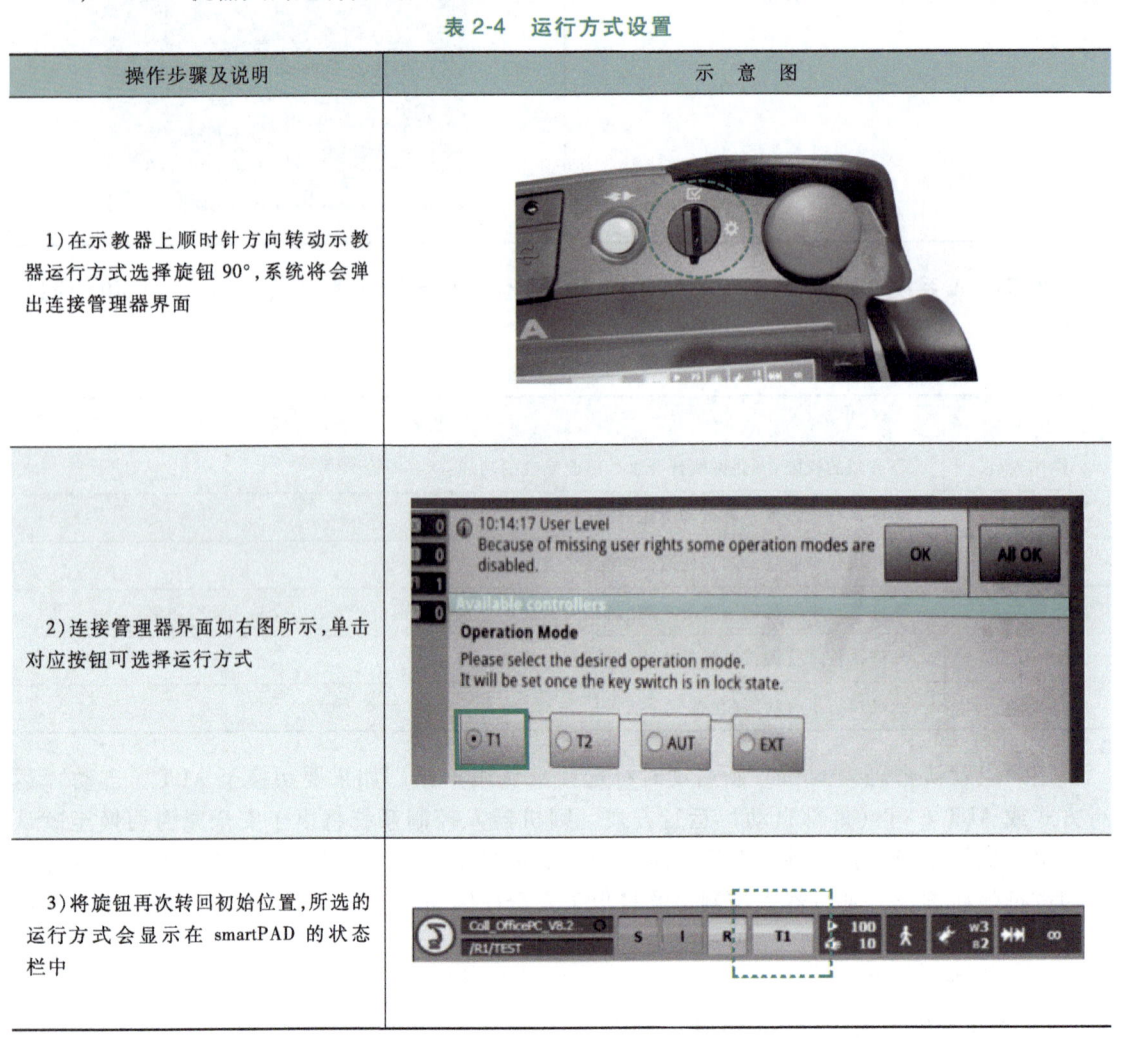

表 2-4　运行方式设置

操作步骤及说明	示　意　图
1）在示教器上顺时针方向转动示教器运行方式选择旋钮 90°，系统将会弹出连接管理器界面	
2）连接管理器界面如右图所示，单击对应按钮可选择运行方式	
3）将旋钮再次转回初始位置，所选的运行方式会显示在 smartPAD 的状态栏中	

7. 控制机器人的各轴单独运动

KUKA 机器人自由度如图 2-5 所示。控制每个轴沿正向和负向转动，需要使用移动键或者 KUKA smartPAD 3D 鼠标，速度可以更改（手动倍率：HOV）。仅在 T1 运行模式下才能手动移动，示教器背面确认键必须按下。控制各轴运动的操作步骤见表 2-5。

项目二　工业机器人涂胶应用编程

图 2-5　KUKA 机器人自由度

表 2-5　控制各轴运动的操作步骤

操作步骤及说明	示　意　图
1）选择轴作为移动的选项，如右图所示	
2）设置手动倍率，如右图所示，单击 1 所指图标，可实现不同运动速度的设置	
3）将确认开关按至中间档位并按住，如右图所示，三处开关任意一处按下即可	

(续)

操作步骤及说明	示意图
4）按下正或负移动键，可以使轴朝正方向或反方向旋转	

8. 指令介绍

1) PTP：点到点运动指令，含义见表2-6。

表2-6 PTP指令的含义

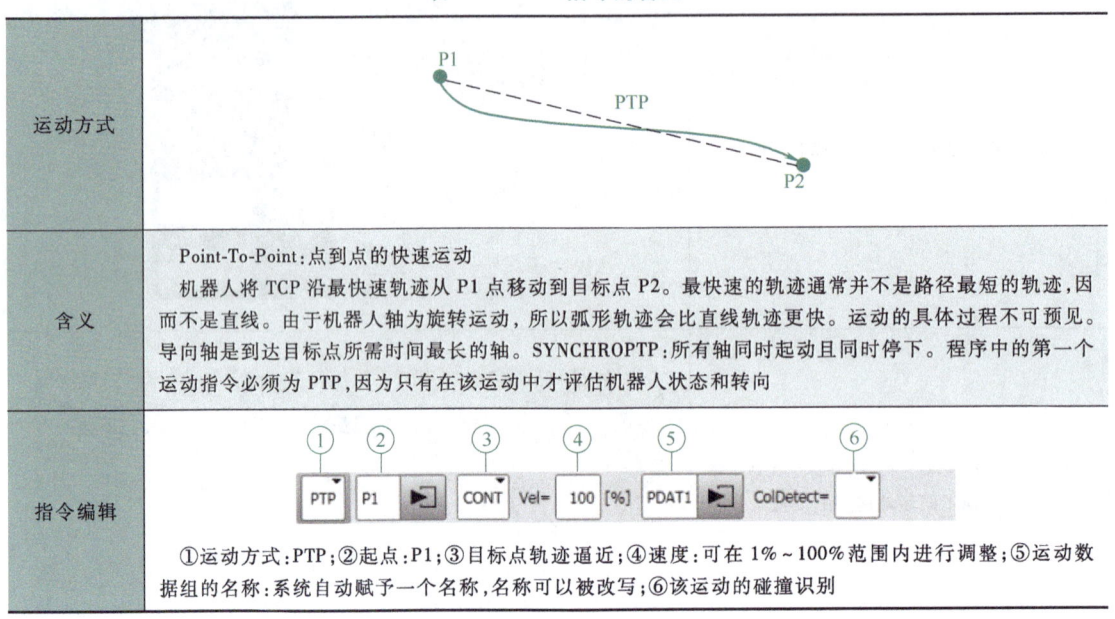

运动方式	
含义	Point-To-Point：点到点的快速运动 机器人将TCP沿最快速轨迹从P1点移动到目标点P2。最快速的轨迹通常并不是路径最短的轨迹，因而不是直线。由于机器人轴为旋转运动，所以弧形轨迹会比直线轨迹更快。运动的具体过程不可预见。导向轴是到达目标点所需时间最长的轴。SYNCHROPTP：所有轴同时起动且同时停下。程序中的第一个运动指令必须为PTP，因为只有在该运动中才评估机器人状态和转向
指令编辑	①运动方式:PTP；②起点:P1；③目标点轨迹逼近；④速度：可在1%~100%范围内进行调整；⑤运动数据组的名称：系统自动赋予一个名称，名称可以被改写；⑥该运动的碰撞识别

2) LIN：直线运动指令，见表2-7。

表2-7 LIN指令的含义

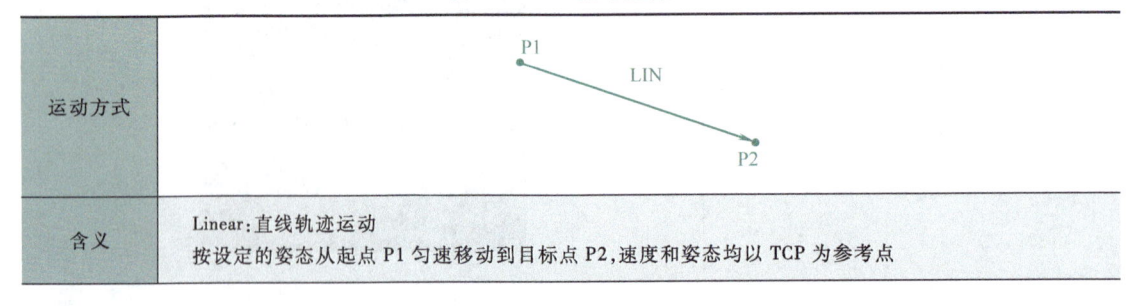

运动方式	
含义	Linear：直线轨迹运动 按设定的姿态从起点P1匀速移动到目标点P2，速度和姿态均以TCP为参考点

（续）

指令编辑	①LIN ②P1 ③CONT ④Vel= 2 [m/s] ⑤CPDAT1 ⑥ColDetect=
	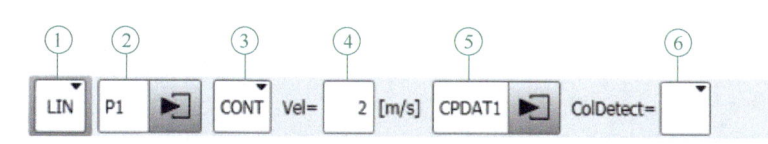 ①运动方式：LIN；②起点：P1；③目标点轨迹逼近；④速度：可在1%~100%范围内进行调整；⑤运动数据组的名称：系统自动赋予一个名称，名称可以被改写；⑥该运动的碰撞识别

3) CIRC：圆弧运动指令，见表2-8。

表2-8 CIRC指令的含义

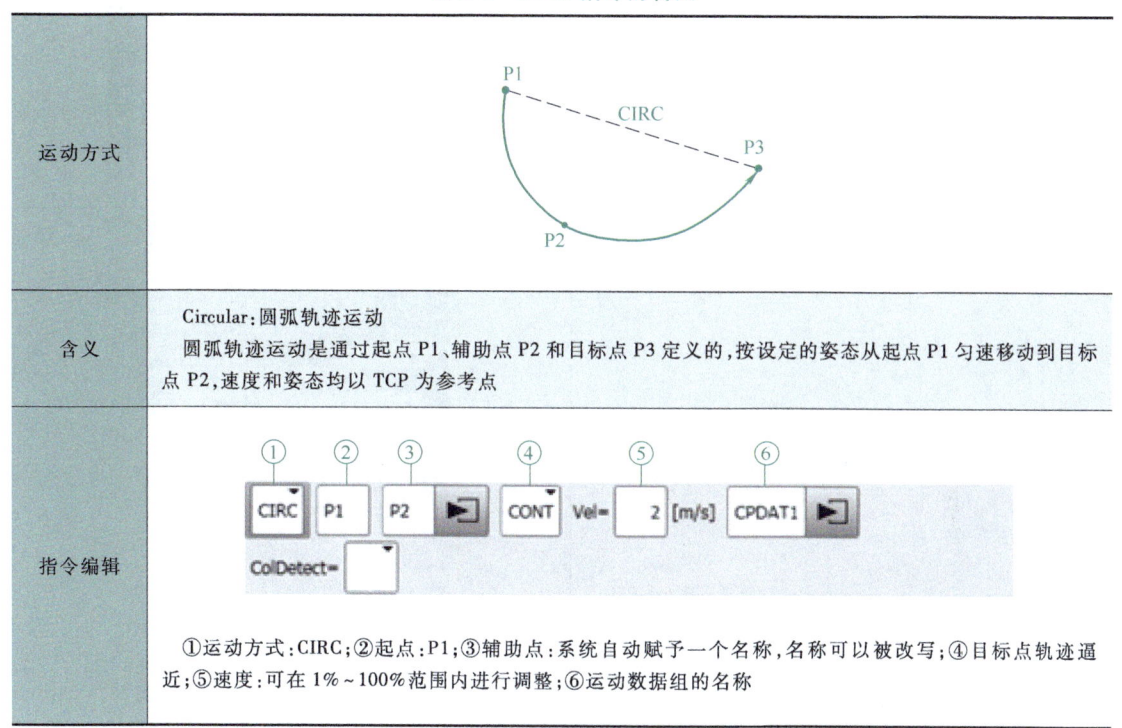

运动方式	(图示：P1、P2、P3三点构成的圆弧轨迹 CIRC)
含义	Circular：圆弧轨迹运动 圆弧轨迹运动是通过起点P1、辅助点P2和目标点P3定义的，按设定的姿态从起点P1匀速移动到目标点P2，速度和姿态均以TCP为参考点
指令编辑	①CIRC ②P1 ③P2 ④CONT ⑤Vel= 2 [m/s] ⑥CPDAT1 ColDetect= ①运动方式：CIRC；②起点：P1；③辅助点：系统自动赋予一个名称，名称可以被改写；④目标点轨迹逼近；⑤速度：可在1%~100%范围内进行调整；⑥运动数据组的名称

9. 建立工具坐标系

（1）工具测量

1）确定工具坐标系原点（TCP），可以选择XYZ 4点法（图2-6）和XYZ参照法。

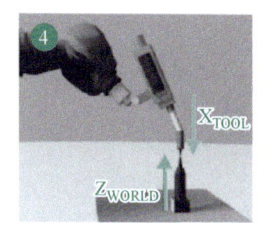

图2-6 XYZ 4点法确定工具坐标系

采用XYZ 4点法确定工具坐标系的操作步骤见表2-9。

表 2-9 采用 XYZ 4 点法确定工具坐标系的操作步骤

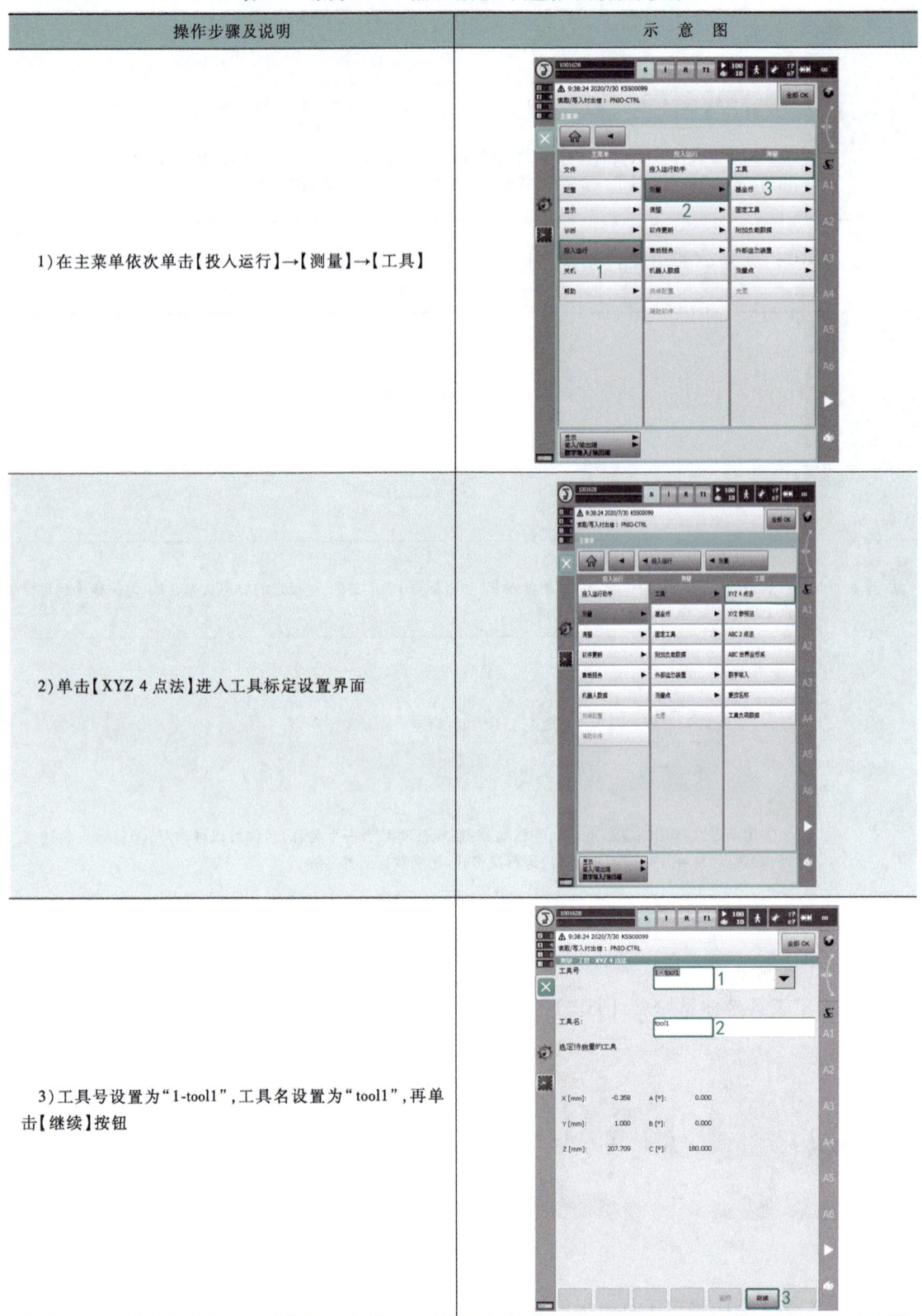

操作步骤及说明	示 意 图
1）在主菜单依次单击【投入运行】→【测量】→【工具】	
2）单击【XYZ 4 点法】进入工具标定设置界面	
3）工具号设置为"1-tool1"，工具名设置为"tool1"，再单击【继续】按钮	

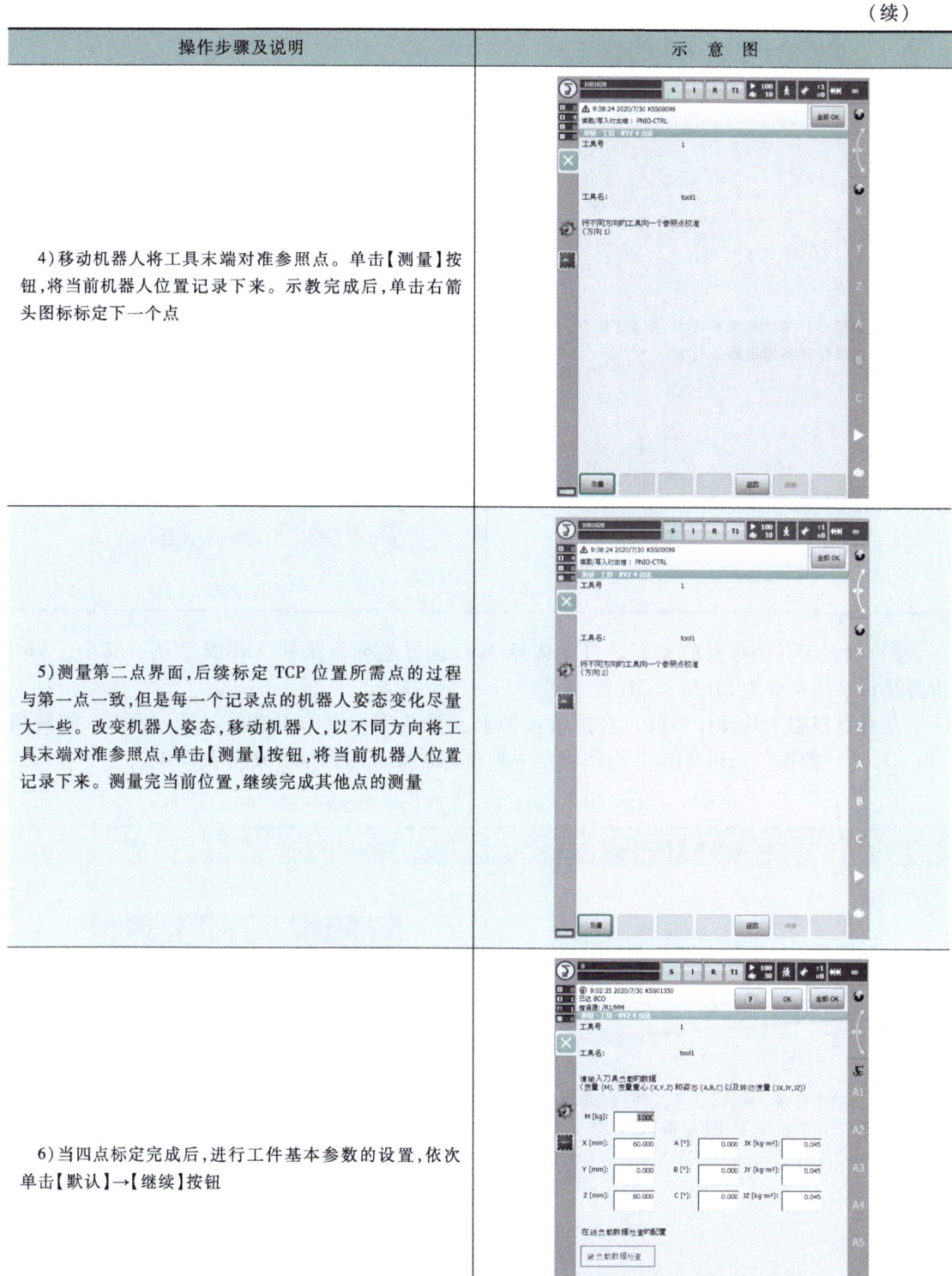

（续）

操作步骤及说明	示　意　图
4）移动机器人将工具末端对准参照点。单击【测量】按钮，将当前机器人位置记录下来。示教完成后，单击右箭头图标标定下一个点	
5）测量第二点界面，后续标定 TCP 位置所需点的过程与第一点一致，但是每一个记录点的机器人姿态变化尽量大一些。改变机器人姿态，移动机器人，以不同方向将工具末端对准参照点，单击【测量】按钮，将当前机器人位置记录下来。测量完当前位置，继续完成其他点的测量	
6）当四点标定完成后，进行工件基本参数的设置，依次单击【默认】→【继续】按钮	

操作步骤及说明	示意图
7)进入最终的计算结果显示界面,单击【保存】按钮,将当前计算结果保存到指定的工具中	

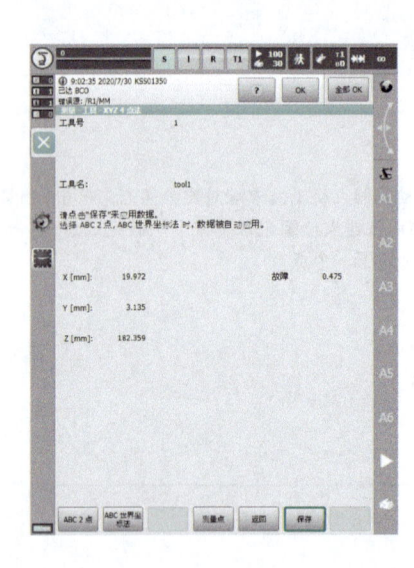

2) 确定工具坐标系的姿态,可以选择 ABC 世界坐标系法和 ABC 2 点法。其中,ABC 世界坐标系法又分为 5D 法和 6D 法。

还可以根据工具设计参数,直接录入 TCP 至法兰中心点的距离值(X,Y,Z)和转角(A,B,C)数据。采用 ABC 2 点法确定工具坐标系姿态的操作步骤见表 2-10。

表 2-10 采用 ABC 2 点法确定工具坐标系姿态的操作步骤

操作步骤及说明	示意图
1)选择工具坐标系。单击【工具工件】按钮,选择需要确定位姿的工具坐标系,单击【编辑】按钮进入工具坐标系编辑界面	

(续)

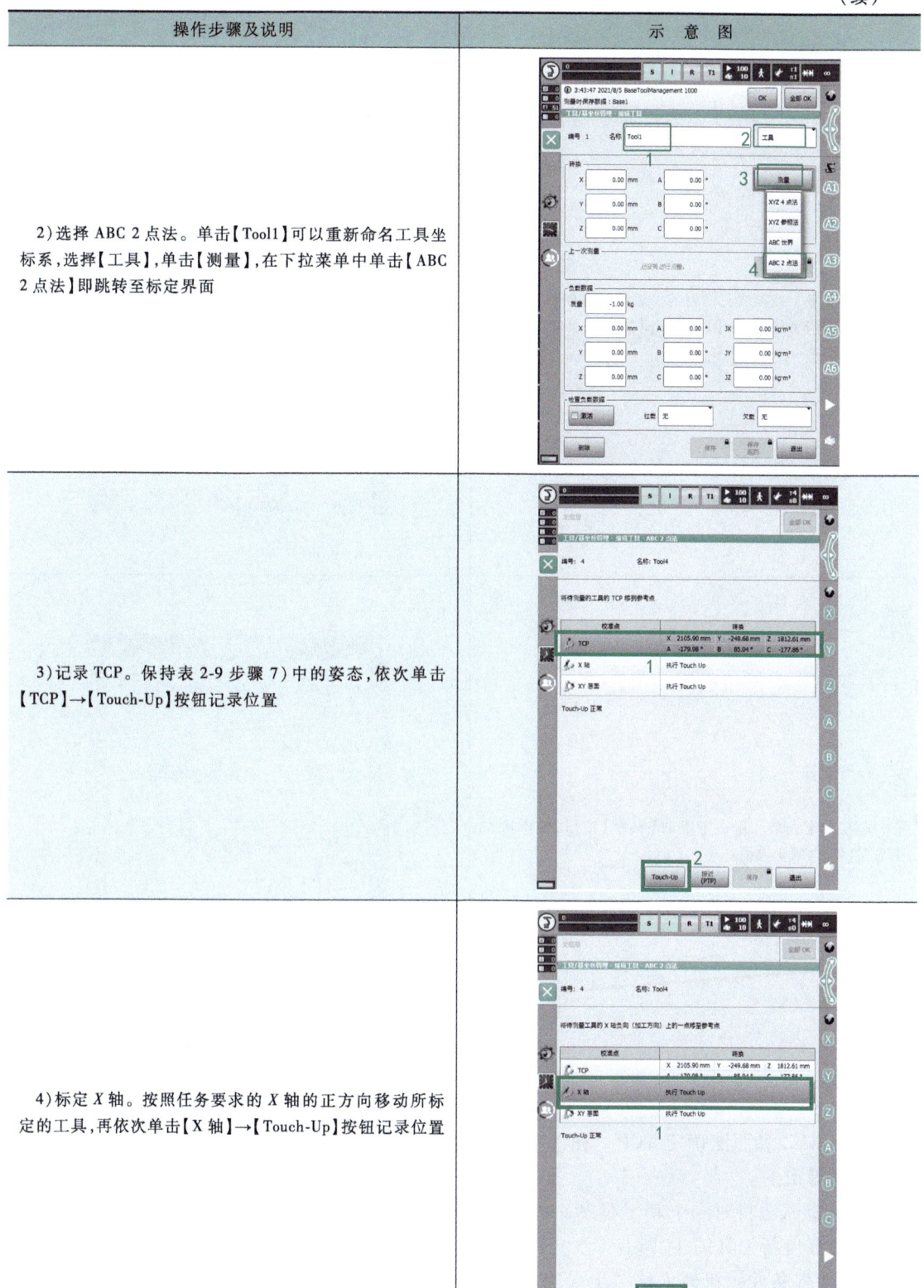

操作步骤及说明	示　意　图
2)选择 ABC 2 点法。单击【Tool1】可以重新命名工具坐标系,选择【工具】,单击【测量】,在下拉菜单中单击【ABC 2 点法】即跳转至标定界面	
3)记录 TCP。保持表 2-9 步骤 7)中的姿态,依次单击【TCP】→【Touch-Up】按钮记录位置	
4)标定 X 轴。按照任务要求的 X 轴的正方向移动所标定的工具,再依次单击【X 轴】→【Touch-Up】按钮记录位置	

（续）

操作步骤及说明	示　意　图
5）标定 Y 轴。按照自己需要的 Y 轴的正方向移动工具，再依次单击【XY 层面】→【Touch-Up】按钮记录位置	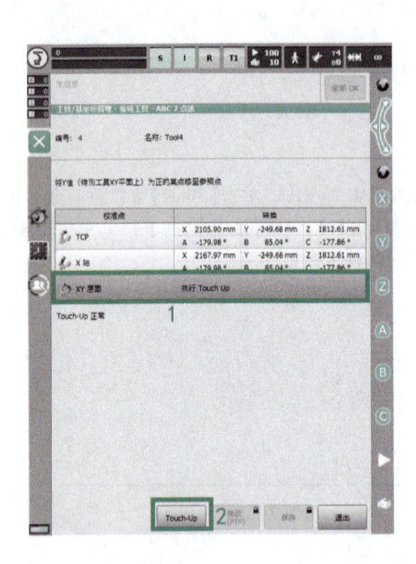
6）位姿标定完成。单击下方的【保存】按钮，再单击左上方的【X】返回主界面	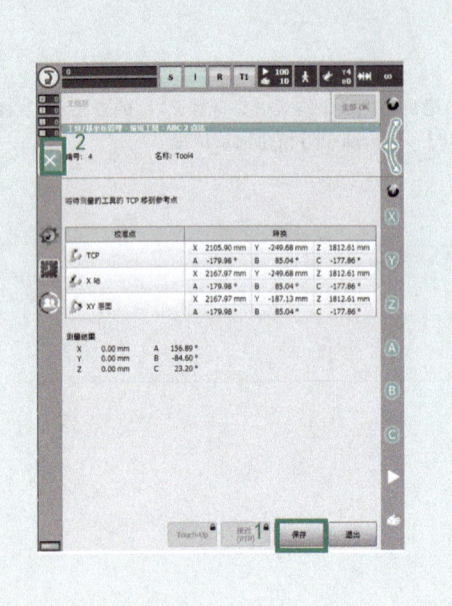

（2）XYZ 参照法确定 TCP　在 XYZ 参照法中，TCP 的数值是由与法兰盘上一个已知点的比较而得出的。

XYZ 参照法将对一个新工具和一个已经测量过的工具进行比较，控制系统比较法兰的位置，计算出新工具的 TCP。

1）前提条件：机器人法兰上装有一个已经测量的工具，且该工具 TCP 数据是已知的，机器人处于 T1 方式。

2）使用 XYZ 参照法进行工具 TCP 测量的操作步骤如下：

① 机器人安装已经测量过的工具，单击【主菜单】按钮，在菜单中选择【投入运行】→【测量】→【工具】→【XYZ 参照法】。

② 为待测定的工具选择一个工具编号，输入一个名称，如编号选为 2、名称为 Tool2，单击【继续】按钮确认。输入已经测量工具的 TCP 数据，单击【继续】按钮确认。

③ 将已经测量过的工具的 TCP 移至一个参考点，如图 2-7a 所示，使工具的 TCP 与参考点对准，单击【测量】，再单击【继续】按钮确认。

④ 拆下已经测量过的工具，将待测的新工具安装在机器人上，将新工具的 TCP 移至前一步骤中的同一个参考点，如图 2-7b 所示，使待测工具的 TCP 与参考点对准，单击【测量】，再单击【继续】按钮确认。

⑤ 在负载数据输入窗口中正确输入负载数据，单击【继续】按钮确认，最后单击【保存】按钮。

图 2-7 XYZ 参照法示意图

10. 建立基坐标系

用三点法建立基坐标系的操作步骤见表 2-11。

表 2-11 用三点法建立基坐标系的操作步骤

操作步骤及说明	示　意　图
1）单击【主菜单】，单击【投入运行】，选择【工具/基坐标管理】	

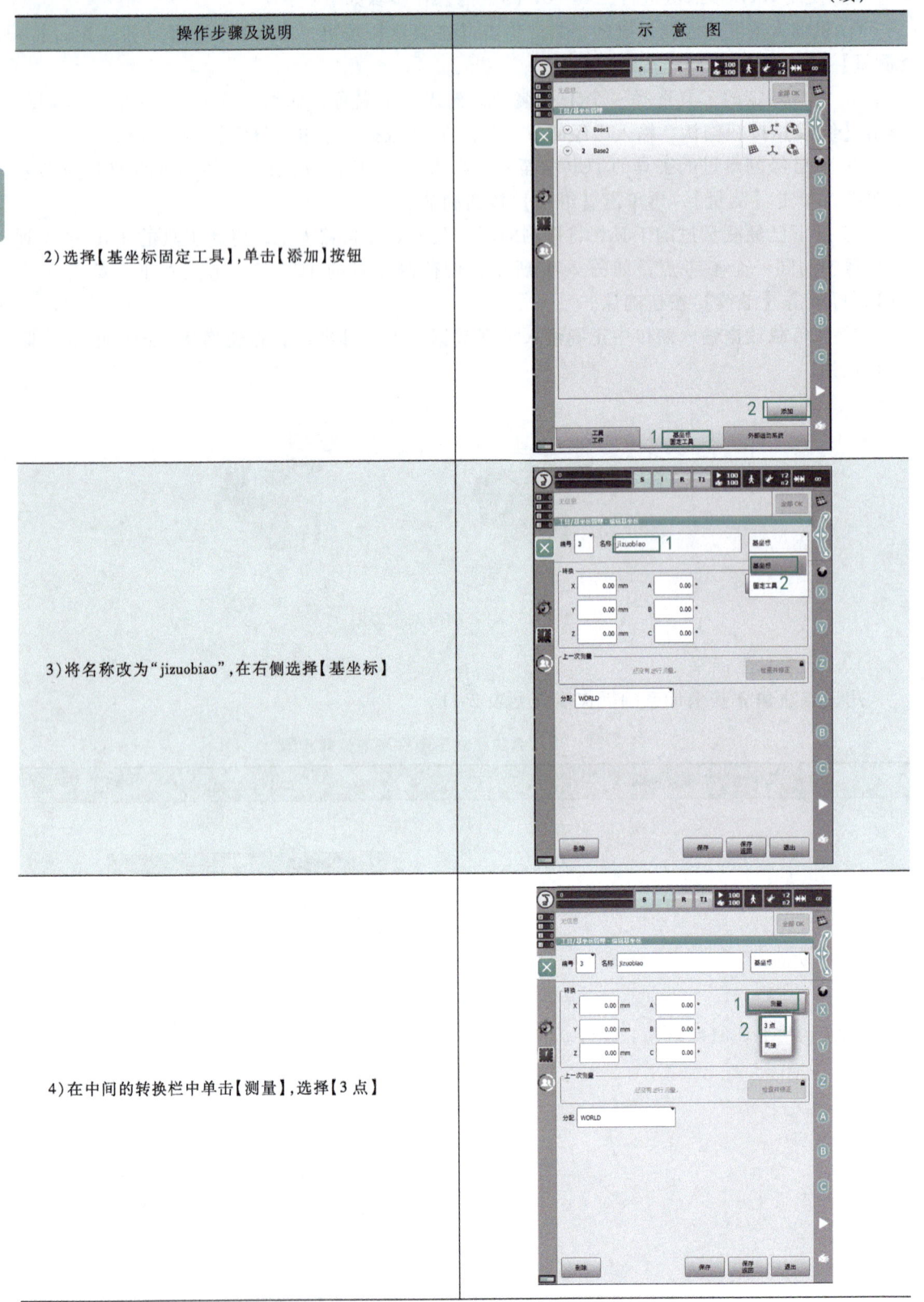

（续）

操作步骤及说明	示　意　图
2）选择【基坐标固定工具】，单击【添加】按钮	
3）将名称改为"jizuobiao"，在右侧选择【基坐标】	
4）在中间的转换栏中单击【测量】，选择【3点】	

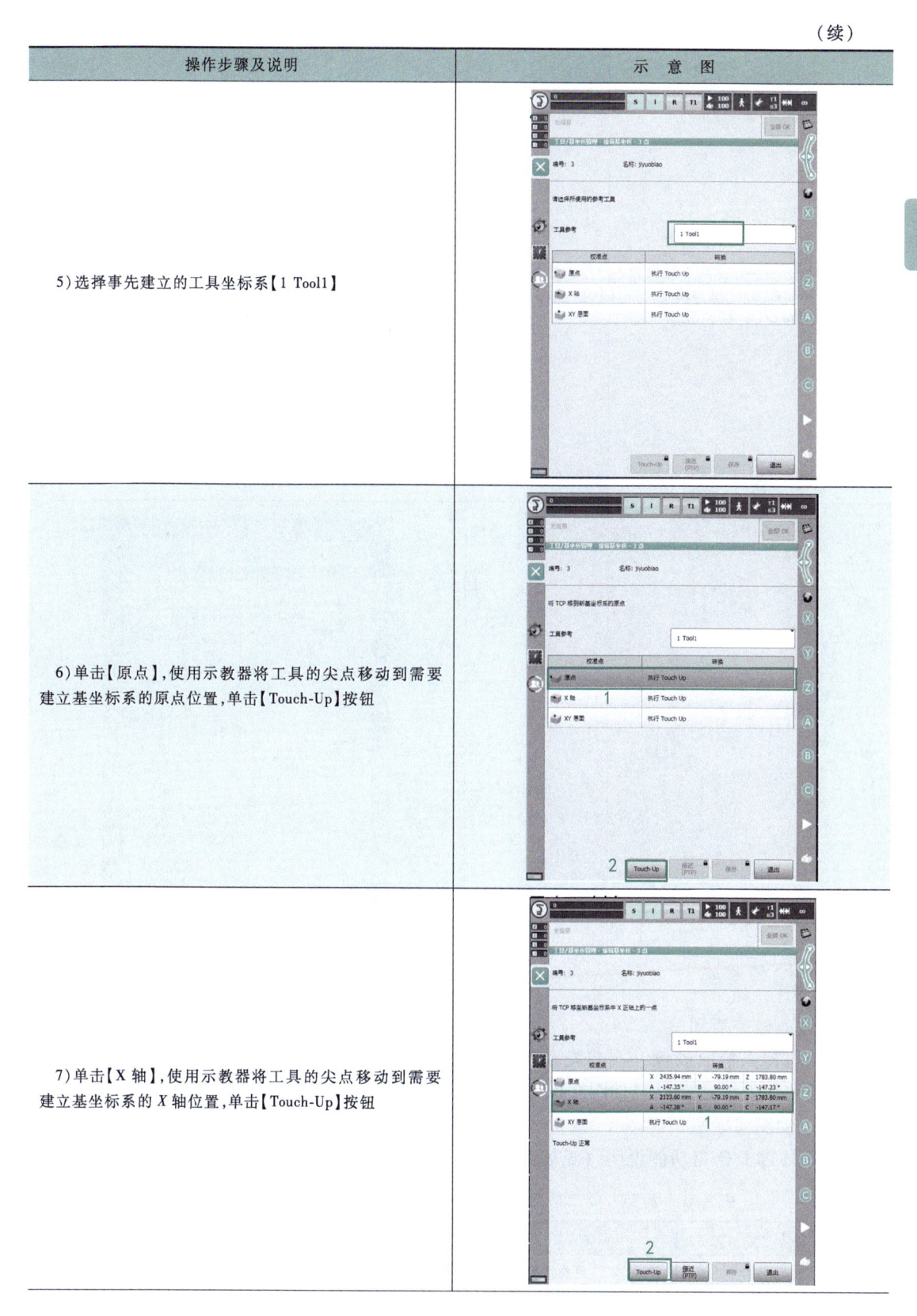

(续)

操作步骤及说明	示 意 图
5)选择事先建立的工具坐标系【1 Tool1】	
6)单击【原点】,使用示教器将工具的尖点移动到需要建立基坐标系的原点位置,单击【Touch-Up】按钮	
7)单击【X 轴】,使用示教器将工具的尖点移动到需要建立基坐标系的 X 轴位置,单击【Touch-Up】按钮	

(续)

操作步骤及说明	示　意　图
8）单击【XY 层面】，使用示教器将工具的尖点移动到需要建立基坐标系的 XY 层面位置，单击【Touch-Up】按钮，再单击【保存】按钮	
9）基坐标系建立完成	

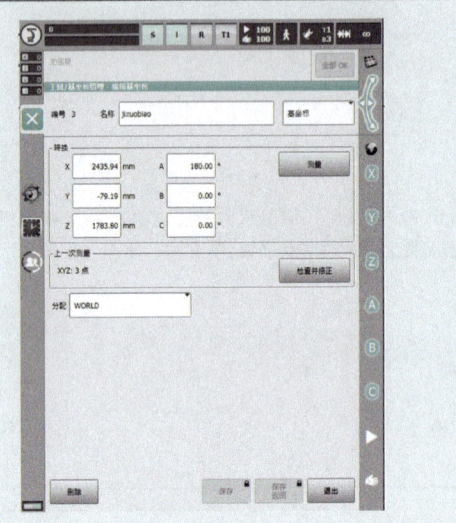

二、任务实施

1. 运动轨迹规划

工业机器人拾取胶枪，在装配盘各工件装配槽内按轨迹进行涂胶作业，运动路径如图 2-8 所示。

2. 手动安装涂胶工具

（1）外部 I/O 口功能说明（见表 2-12）。

表 2-12　外部 I/O 口功能说明

外部 I/O 口	功能说明
数字输出端[3]	更换快换末端卡扣状态

图 2-8　运动路径

（2）手动安装涂胶工具

1）操作示教器打开数字输入/输出控制界面，如图 2-9 所示。

2）选择输出端［3］，单击【值】，强制赋值数字输出端［3］，使快换末端卡扣收缩，如图 2-10 所示。

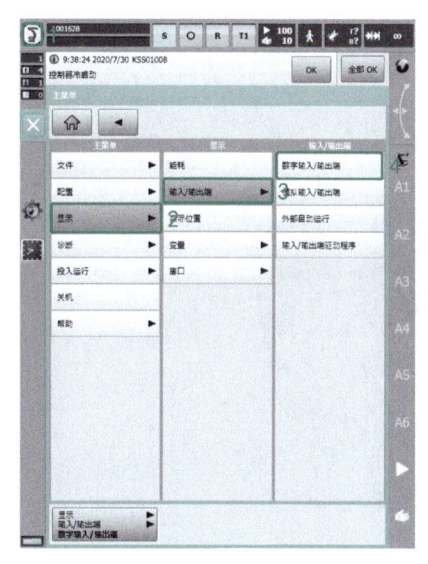

图 2-9　打开数字输入/输出控制界面

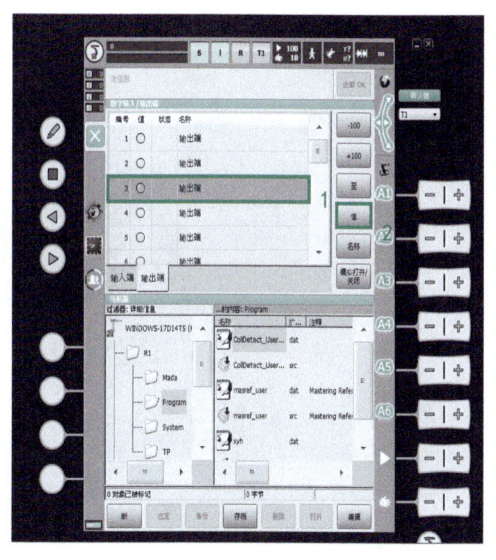

图 2-10　强制赋值数字输出端［3］

3）将涂胶工具安装在接口法兰处，如图 2-11 所示。

4）再次单击【值】，停止输出数字输出端［3］，在内置弹簧力的作用下快换末端卡扣伸出，如图 2-12 所示。手动安装涂胶工具完成，接下来可以进行程序的编制。

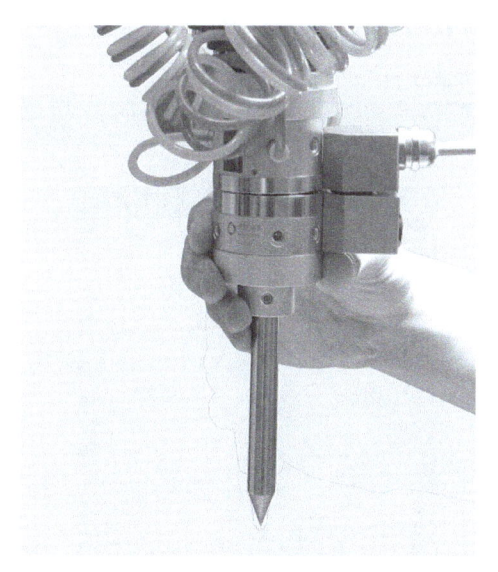

图 2-11　手动安装涂胶工具

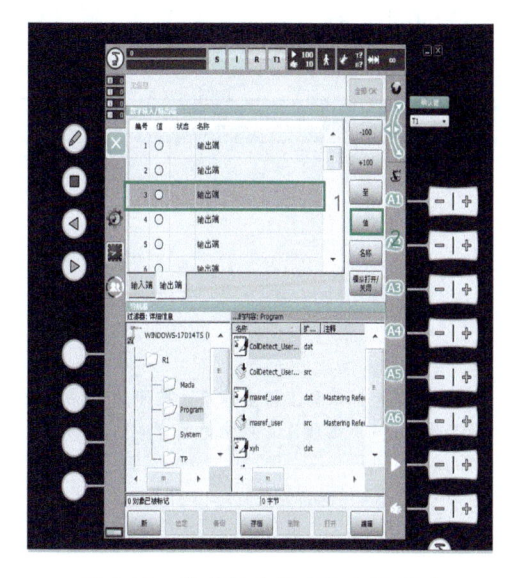

图 2-12　停止输出数字输出端［3］

3. 示教编程

本次涂胶编程的变量总共有 7 个，分别为 home、point0、point1、point2、point3、

point4、point5，其中 home 点为 KUKA-KR4 机器人的机械原点，point0 位于 point1 的正上方，point1、point2、point3、point4、point5 为编程的关节点，位置如图 2-13 所示。涂胶应用编程见表 2-13。

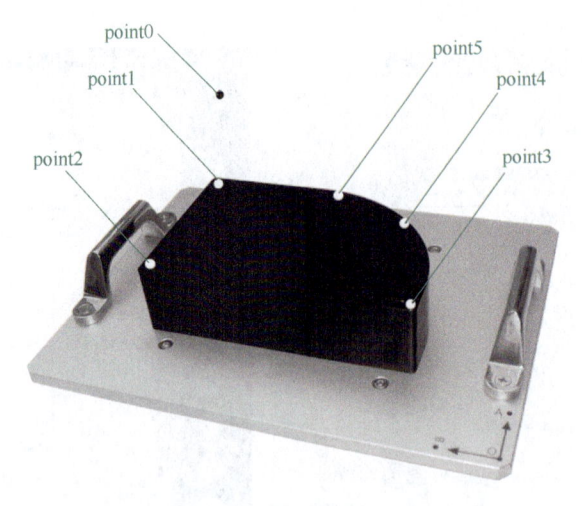

图 2-13　涂胶变量点位置

4. 程序调试与运行

（1）调试目的　完成了程序的编辑后，可对程序进行调试。调试的目的有如下两个：

1）检查程序的位置点是否正确。

2）检查程序的逻辑控制是否有不完善的地方。

（2）调试过程

1）单步运行。在运行程序前，需要将工业机器人的"使能开关"打开。

表 2-13　涂胶应用编程

操作步骤及说明	示意图
1）建立工具坐标系和工件坐标系。按照知识储备 9 和 10 所述步骤用 4 点法建立工具坐标系 Tool1，用 3 点法建立基坐标系 Base1	

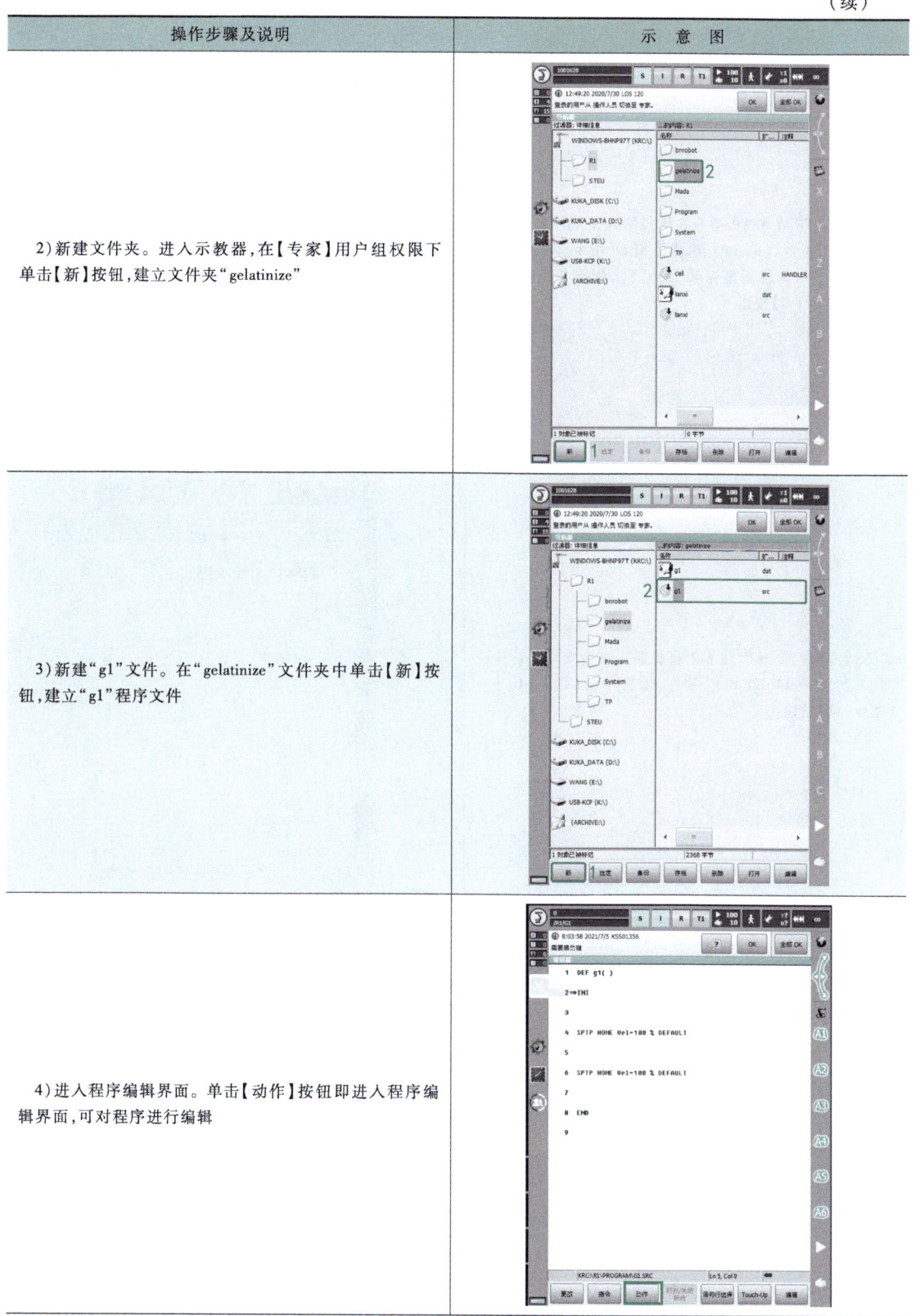

（续）

操作步骤及说明	示 意 图
2）新建文件夹。进入示教器，在【专家】用户组权限下单击【新】按钮，建立文件夹"gelatinize"	
3）新建"g1"文件。在"gelatinize"文件夹中单击【新】按钮，建立"g1"程序文件	
4）进入程序编辑界面。单击【动作】按钮即进入程序编辑界面，可对程序进行编辑	

(续)

操作步骤及说明	示　意　图
5) 插入 PTP 或 SPTP 指令。将机器人末端涂胶工具移动至 p0(为位置点 point0) 点，选择 SPTP 指令，调用工具坐标系 Tool[1]，调用基坐标系 Base[1]，依次单击【Touch-Up】→【指令 OK】按钮	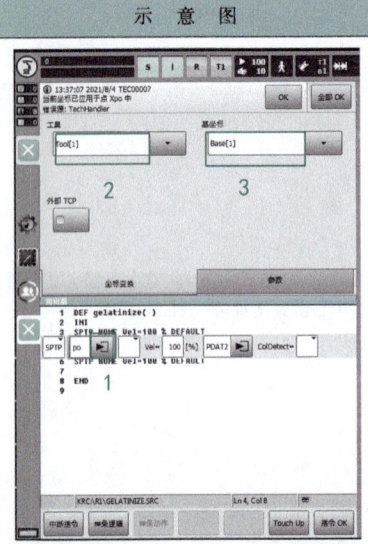
6) 插入 LIN 或 SLIN 指令。将机器人末端涂胶工具移动至 p1 点，建立 LIN 或 SLIN 程序，依次单击【Touch-Up】→【指令 OK】按钮	
7) 插入 LIN 或 SLIN 指令。将机器人末端涂胶工具移动至 p2 点，建立 LIN 或 SLIN 程序，并依次单击【Touch-Up】→【指令 OK】按钮	

操作步骤及说明	示　意　图
8）插入 LIN 或 SLIN 指令。将机器人末端涂胶工具移动至 p3 点，建立 LIN 或 SLIN 程序，并依次单击【Touch-Up】→【指令 OK】按钮	
9）添加 SCIRC 指令。选择插入圆弧指令【SCIRC】，将机器人末端涂胶工具移动至 p4 点，单击【Touchup 辅助点】按钮，再将机器人末端涂胶工具移动至 p5 点，单击【修整（Touchup）】→【指令 OK】按钮，完成此条程序编辑	
10）SCIRC 指令添加完成	

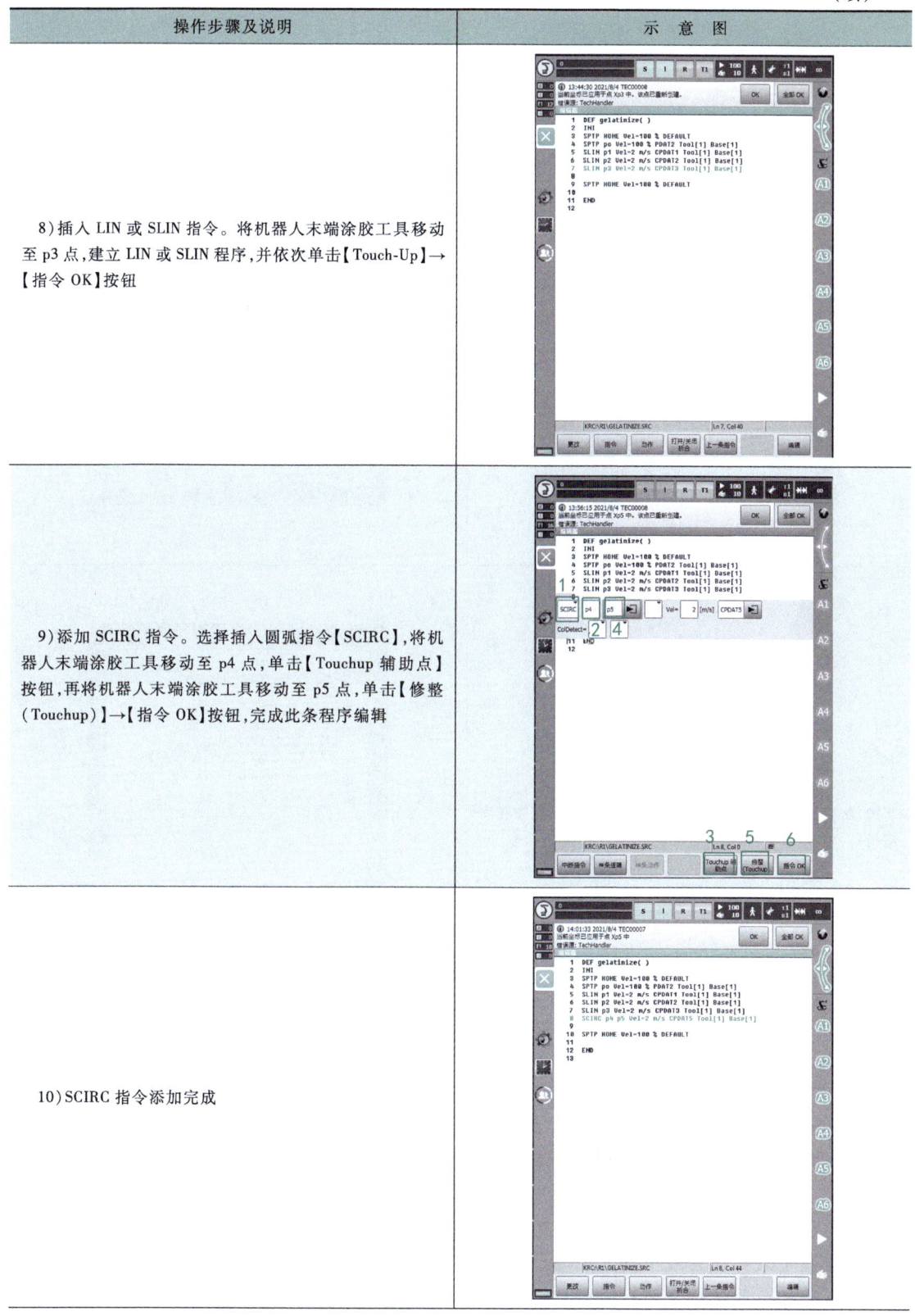

(续)

操作步骤及说明	示　意　图
11) 将机器人末端涂胶工具移回至 p1 点，添加 SLIN 指令	
12) 将机器人末端涂胶工具移回至 p0 点，完成涂胶程序编辑	

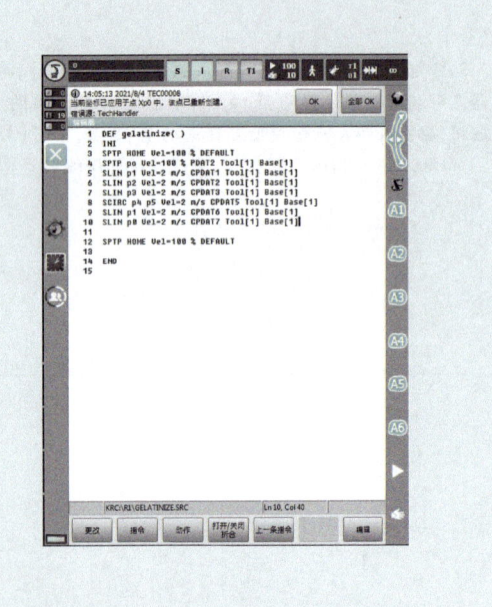

2）选择"g1"，再单击【选定】按钮，进入程序运行模式，如图 2-14 所示。

3）将光标移动至第一行程序，长按【正向运行】按钮，进行程序示教，如图 2-15 所示。

运行程序过程中，若发现可能发生碰撞、失速等危险时，应及时按下示教器上的急停按钮，防止发生人身伤害或机器人损坏。

如果单步点动运行完所有程序且无误，则程序调试完成。

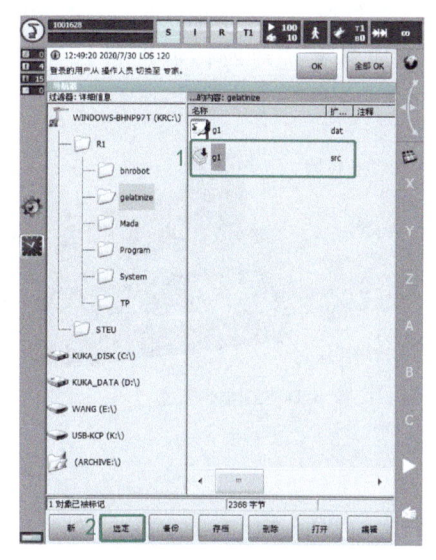

图 2-14　进入程序运行模式

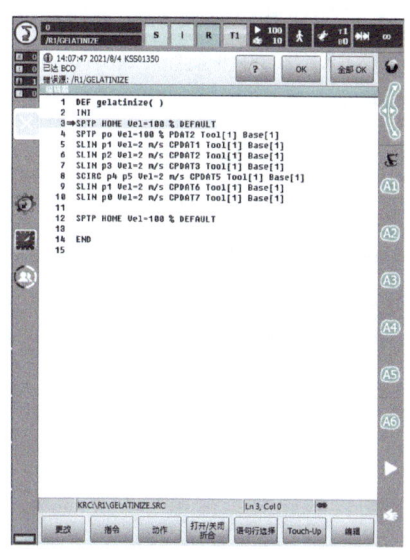

图 2-15　示教程序

知识拓展

1. 如何选择合适的涂胶机器人

选用涂胶机器人时，首先应了解涂胶的胶体性能，如是否需要加热、流量控制和黏性调节等，再确定点涂的工件特征、所需运动机构及其运动过程，根据这些因素确定工作的幅面和有效运动范围；如果是多种工件的涂胶，需考虑最大工件所需的空间，还应保证夹具和运动机构的配合，以及是否需要电子到位等信号；最后需考虑有什么特殊的工作属性，如是否需要两把或者多把胶枪，工作后是否需要换枪，胶枪及附属结构的重量。

在电控上，需确定运动的速度属性，在合适的电气配置上根据胶体的浓度和流量来控制速度。控制系统的使用是难点，因为一个机构需要较多的电气信号，如安全信号、工件到位信号、涂胶开始信号、紧急停止信号和涂胶任务完成信号，这都需要通过 I/O 来完成。外接PLC 可以节省成本，降低发生故障时检测的复杂度。一般的涂胶机都是伺服控制，所以系统有多种选择，控制信号有数字量和模拟量，根据用户的习惯选择即可。

2. 如何选用胶体温度控制系统

随着技术的不断发展，工业用胶的需求量不断增加，目前主要应用在汽车、家具、造船、航空航天、建筑、包装及电气/电子等行业。工业用胶主要分为丙烯酸型黏合剂、厌氧胶、瞬干胶、环氧胶、热熔胶、聚氨酯型黏合剂、硅胶及 UV 固化黏合剂等。对于不同的胶体，最合适的温度不同，所以在不同行业选择不同的胶体时应该注意选择合适的涂胶加热系统。在汽车行业，主要用丙烯酸型黏合剂对车窗等进行密封涂胶，分析此胶体材料的特性，可得出以下结论：当胶体温度低于 25℃ 时，胶体的温度与黏度成反比，胶体的流速在恒压条件下明显下降；当胶体温度在 25~30℃ 之间时，胶体的温度与黏度的相关性较小，黏度基本保持不变，胶体的流速在恒压条件下比较稳定、无明显波动；当胶体温度在 30~35℃ 之间时，胶体的温度与黏度成反比，胶体的流速在恒压条件下明显上升；当胶体温度高于 35℃ 时，胶体开始由液态逐步转化成固态颗粒状（塑化）。据此将涂胶系统的胶体温度值设定为

27℃。为了能使整个涂胶系统达到最佳的工艺温度,整个供胶系统分别采用供胶管路温控系统、WEINREICH 加热系统、GUN 加热系统和 DOSER 加热系统对胶体温度进行控制,如图 2-16 所示。

a) GUN加热系统　　　　　　b) DOSER加热系统

图 2-16　加热系统

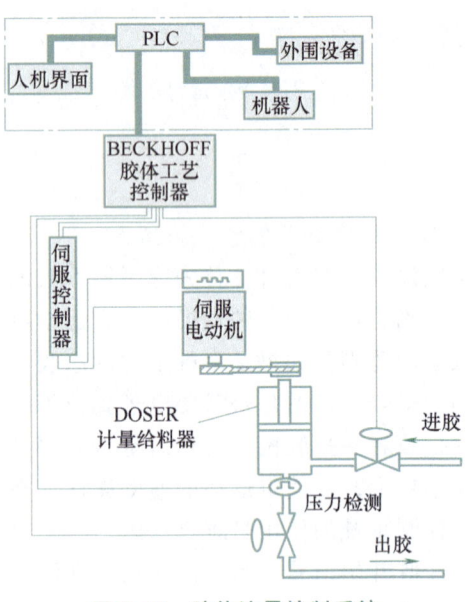

3. 如何构建胶体流量控制系统

胶体流量控制系统是涂胶工艺的核心,如图 2-17 所示,直接影响涂胶的质量和胶体使用的成本。胶体流量控制系统必须满足两个条件:①速度变化响应快;②准确的流量计量。因此,胶体流量控制以 BECKHOFF(Twin CAT PLC/NC 技术)作为主控制器——执行 1000 条 PLC 命令所需的时间只有 $0.9\mu s$,执行 100 个伺服轴指令所需的时间为 $20\mu s$。胶体流量的计量通过由 Indramat 伺服控制器、伺服电动机和丝杠活塞组成的计量执行器实现,其控制精度可以达到 0.1mL。

图 2-17　胶体流量控制系统

评价反馈

评价反馈见表 2-14。

表 2-14　评价反馈

基本素养(30 分)				
序号	评估内容	自评	互评	师评
1	纪律(无迟到、早退、旷课)(10 分)			
2	安全规范操作(10 分)			
3	团结协作能力、沟通能力(10 分)			
理论知识(30 分)				
序号	评估内容	自评	互评	师评
1	SPTP、SLIN、SCIRC 等指令的应用(10 分)			
2	涂胶工艺流程(10 分)			
3	选择涂胶机器人的方法(5 分)			
4	涂胶在行业中的应用(5 分)			

（续）

技能操作(40分)				
序号	评估内容	自评	互评	师评
1	能够通过示教器设定工业机器人手动、自动运行模式(10分)			
2	建立工具坐标系(10分)			
3	完成涂胶程序编写(10分)			
4	程序调试与自动运行(10分)			
综合评价				

练习与思考题

一、填空题

1. T1（手动慢速运行）用于_____，手动运行时的最大速度为_____。
2. 工具测量分为两步：首先确定工具坐标系原点（TCP），可以选择_____法和_____法；然后确定工具坐标系的姿态，可以选择_____法和_____法，其中 ABC 世界坐标系法又分为 5D 法和 6D 法。
3. 示教器是操作者与机器人交互的设备，使用示教器可以完成控制机器人的所有功能，如_____、_____以及设置 I/O 交互信号等。
4. 编程指令 PTP 代表_____运动，LIN 代表_____运动，CIRC 代表_____运动。
5. 当胶体温度高于 35℃时，胶体开始_____。

二、简答题

1. 如何使用 XYZ 参照法进行工具 TCP 测量？
2. KUKA 机器人示教编程常用的指令有哪些？

三、编程题

进行工业机器人示教编程，按下启动按钮后，实现工业机器人自动从工作原点开始，按照指定涂胶轨迹 4—3—2—1 的顺序进行涂胶操作，如图 2-18 所示，完成操作后工业机器人返回工作原点。

图 2-18 涂胶轨迹

项目三 工业机器人焊接应用编程

学习目标

1. 掌握程序的修改和运动参数的修改。
2. 掌握工业机器人模拟焊接应用程序的编制。

工作任务

一、工作任务的背景

焊接机器人作为当前广泛使用的先进自动化焊接设备，具有通用性强、工作稳定、操作简便以及功能丰富等优点，越来越受到人们的重视。工业机器人在焊接领域的应用最早是从汽车装配生产线上开始的。点焊机器人如图 3-1 所示。

随着制造业的飞速发展，焊接机器人的应用越来越普遍。机器人焊接如图 3-2 所示。工业机器人和焊接电源组成的机器人自动化焊接系统能够自由、灵活地实现各种复杂曲线的焊接，能够把人从恶劣的工作环境中解放出来去从事具有更高附加值的工作。因此，现阶段对于能够熟练掌握工业机器人焊接相关技术的人才需求很大。

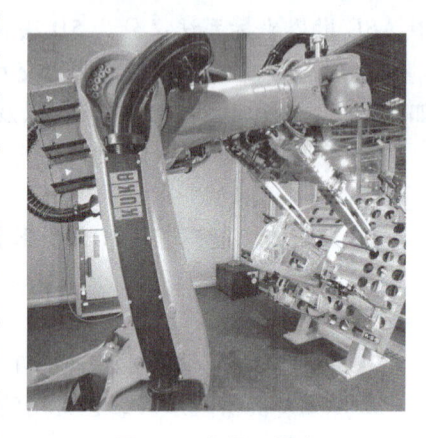

图 3-1 点焊机器人

图 3-2 机器人焊接

二、所需要的设备

工业机器人模拟焊接系统涉及的主要设备包括工业机器人应用领域一体化教学创新平台（BNRT-IRAP-KR4）、KUKA-KR4 型工业机器人本体、机器人控制器、示教器、气泵和模拟焊接工具等，如图 3-3 所示。

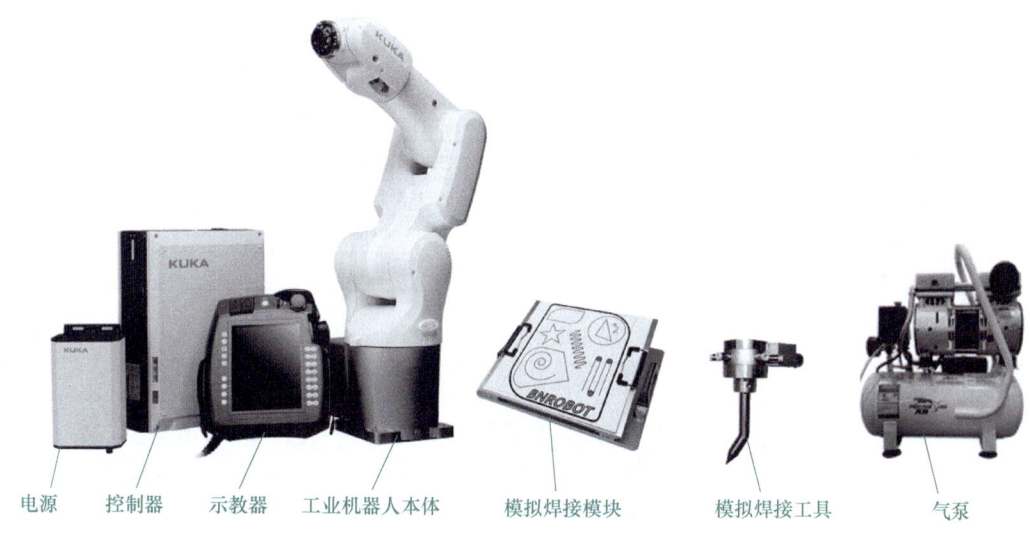

图 3-3　模拟焊接系统所需设备

三、任务描述

工业机器人模拟焊接是指通过在示教器上根据相应的图形进行程序的编写，然后操纵机器人自动运行。

按要求将模拟焊接模块安装在工作台的指定位置，在工业机器人末端手动安装模拟焊接工具，创建并正确命名模拟焊接程序。利用示教器进行现场操作编程，按下启动按钮后，工业机器人自动从工作原点开始模拟焊接任务。在任务中，焊接工具前端始终垂直于模拟焊接模块的表面。完成焊接任务后，工业机器人返回至工作原点，完成样例如图 3-4 所示。

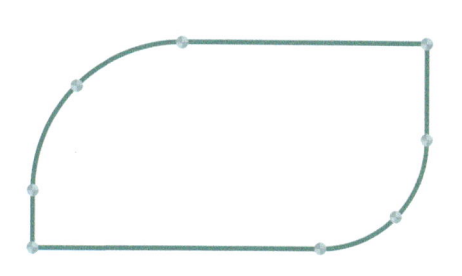

图 3-4　完成样例

本任务利用 KUKA-KR4 型工业机器人来模拟焊接任务，需要依次进行程序文件创建、程序编写、目标点示教、程序调试，完成整个焊接工作任务。

实践操作

一、知识储备

1. 程序文件使用

（1）创建程序模块　在 smartPad 上，程序模块尽量保存在"R1 \ Program"文件夹中，也可建立新的文件夹并将程序模块存放在该目录下。模块中可以加入注释，此类注释中可含有程序的简短说明。为了便于管理和维护，模块命名尽量规范。KUKA 机器人程序模块常用命名见表 3-1，程序模块建立过程见表 3-2。

表 3-1　程序模块常用命名

程序模块命名	程序模块说明
Main	主程序模块
InitSystem	初始化程序模块
VerifyAtHome	判断机器人是否在 HOME 位程序模块
InitSignal	初始化信号程序模块
Change Tool	更换工具程序模块
GotPgNo	获取工作编号程序模块
R_work	机器人工作程序模块
RcheckCycle	循环检查程序模块

表 3-2　程序模块建立过程

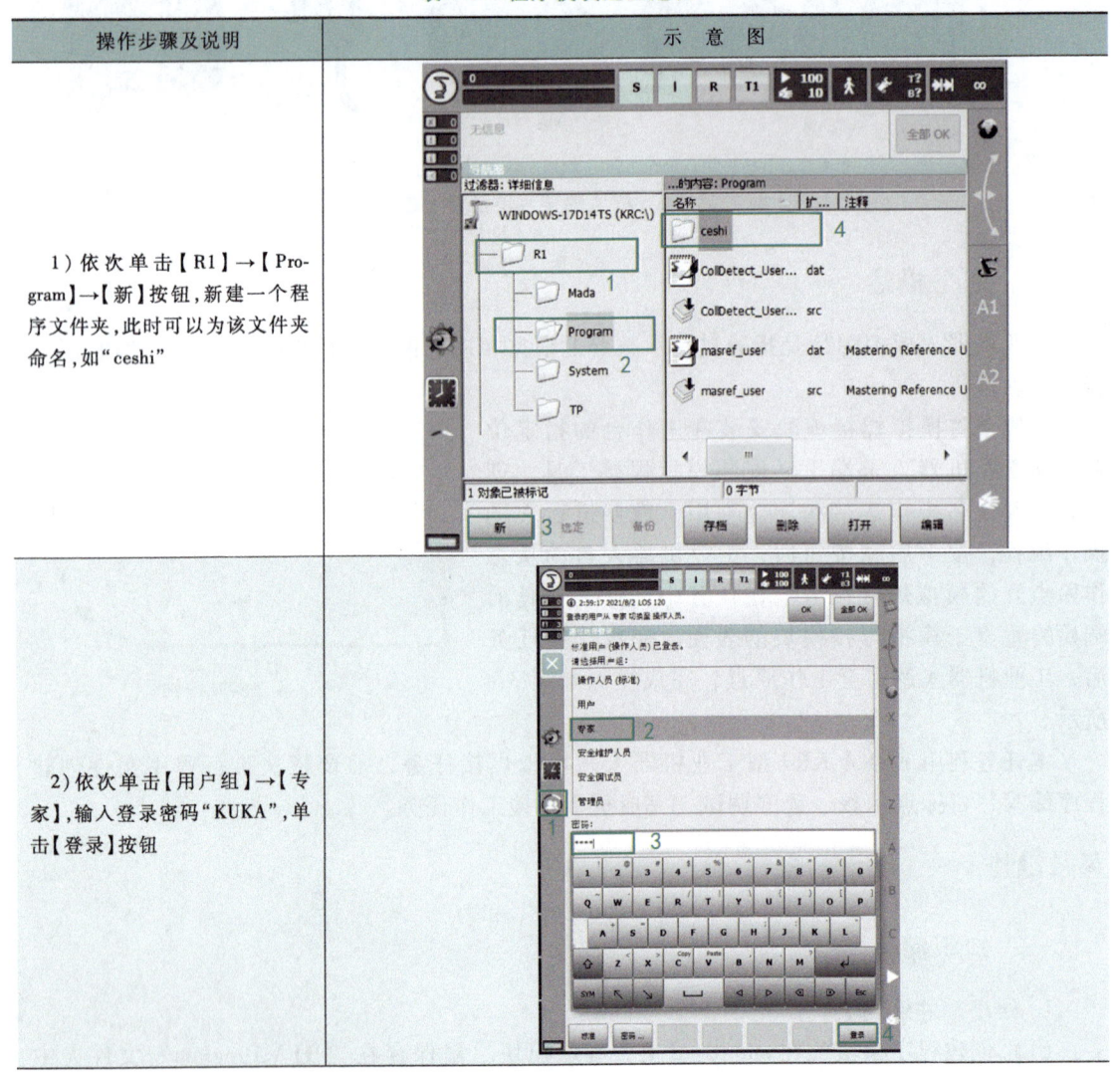

操作步骤及说明	示　意　图
1）依次单击【R1】→【Program】→【新】按钮，新建一个程序文件夹，此时可以为该文件夹命名，如"ceshi"	
2）依次单击【用户组】→【专家】，输入登录密码"KUKA"，单击【登录】按钮	

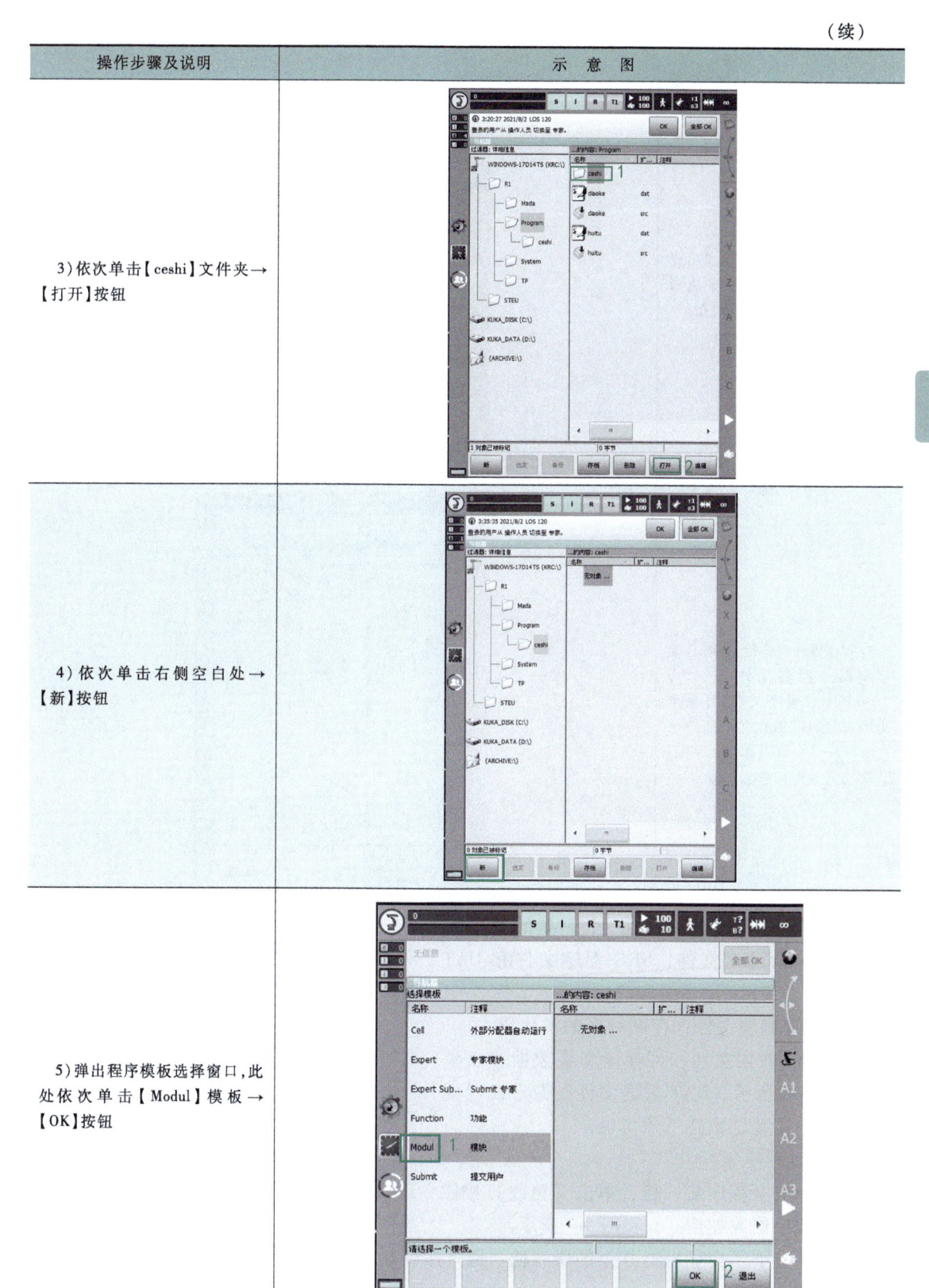

（续）

操作步骤及说明	示　意　图
3）依次单击【ceshi】文件夹→【打开】按钮	
4）依次单击右侧空白处→【新】按钮	
5）弹出程序模板选择窗口，此处依次单击【Modul】模板→【OK】按钮	

(续)

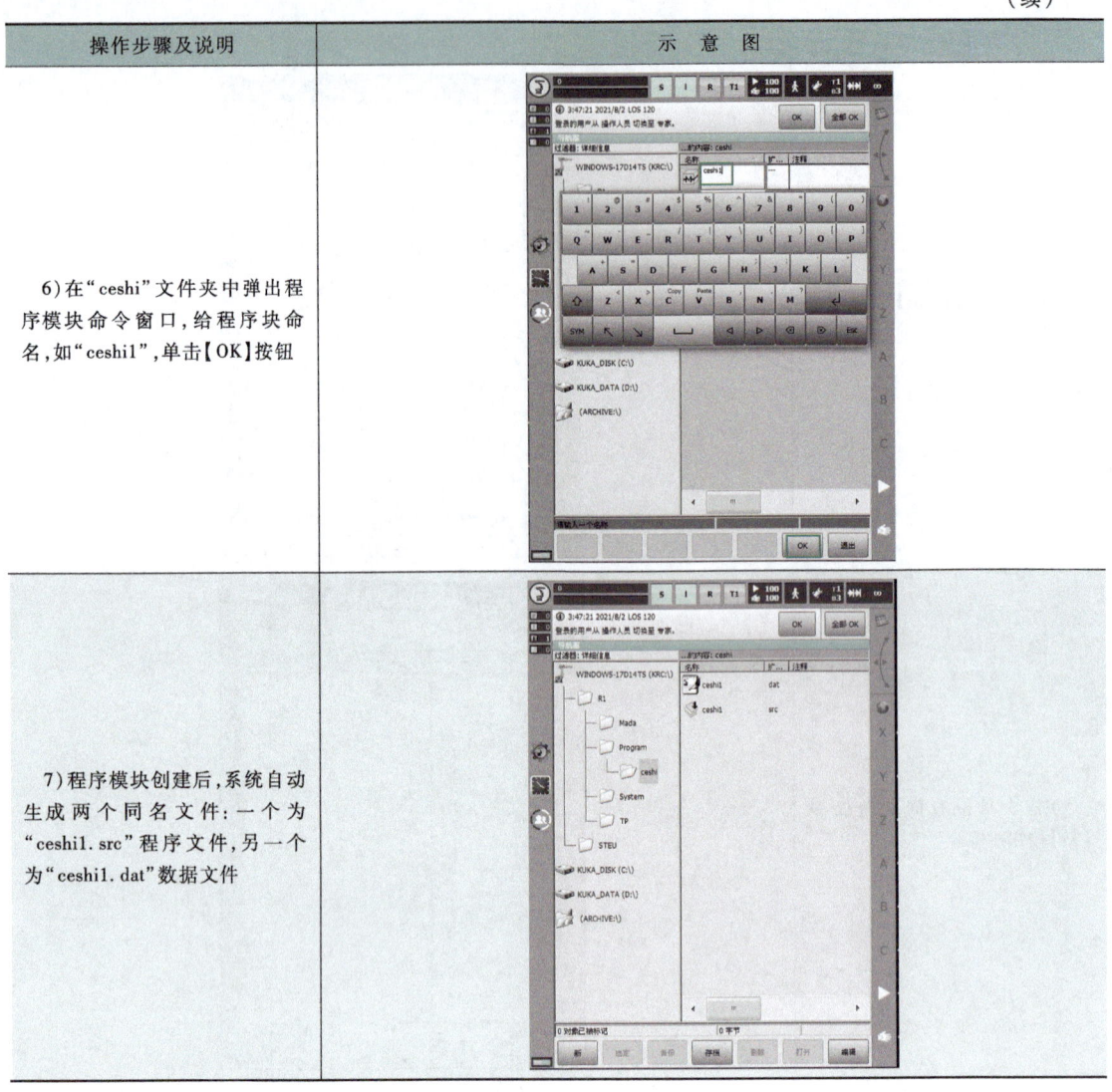

操作步骤及说明	示意图
6)在"ceshi"文件夹中弹出程序模块命令窗口,给程序块命名,如"ceshi1",单击【OK】按钮	
7)程序模块创建后,系统自动生成两个同名文件:一个为"ceshi1.src"程序文件,另一个为"ceshi1.dat"数据文件	

（2）程序模块的构成 一个完整的程序模块包括同名的两个文件：SRC 程序文件和 DAT 数据文件。

1）SRC 程序文件：存储程序的源代码。

2）DAT 数据文件：可存储变量数据和点坐标，如图 3-5 所示。DAT 数据文件在专家或者更高权限用户组登录状态下才可见。

图 3-5 DAT 数据文件

2. 修改程序和参数

将光标移至程序某一行，单击【更改】按钮，可对该行的指令进行更改。以 SPTP 行指令为例，程序修改如图 3-6 和图 3-7 所示。

默认情况下不会显示行指令的所有栏。通过按钮切换参数可以显示和隐藏这些栏。命令行说明见表 3-3。

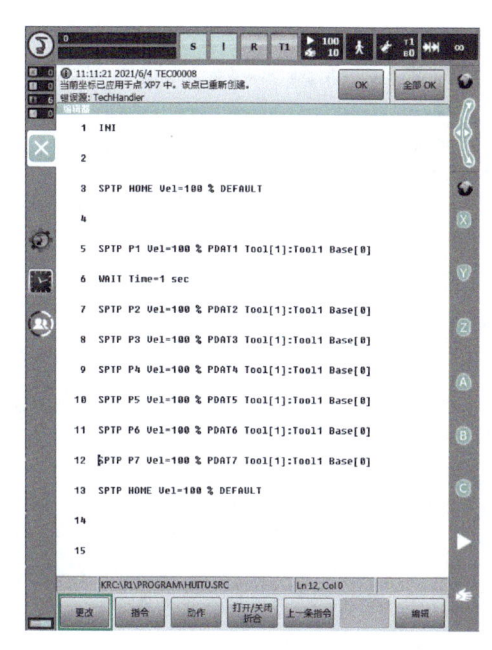

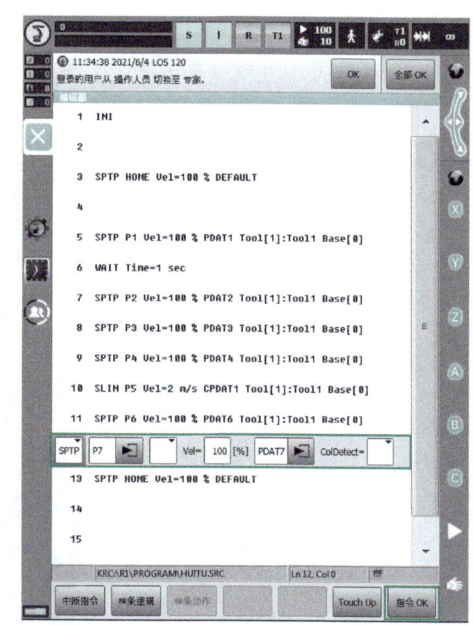

图 3-6 程序的修改

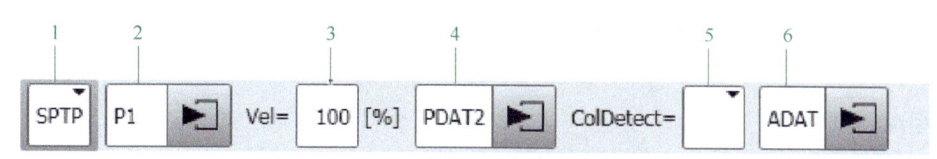

图 3-7 SPTP 行指令

表 3-3 命令行说明（序号所指参见图 3-7）

序号	说　明
1	运动方式:SPTP
2	目标点的名称:系统自动赋予一个名称,可以被改写。单击箭头,可编辑全局点参数,相关窗口即自动打开
3	轴速度:默认情况下,对样条组的有效值适用于该段。需要时,可在此单独指定一个值。该值仅适用于该段
4	运动参数名称:系统自动赋予一个名称,可以被改写 默认情况下,对样条组的有效值适用于该段。需要时,可在此处为该段单独赋值。这些值仅适用于该段 需要编辑点参数时可单击箭头,相关选项窗口即自动打开
5	该段的碰撞识别: ColDetect 栏被隐藏:适用于样条组的设置,也适用于该段 OFF:碰撞识别已关闭 CDSet_Set[编号]:碰撞识别已开启。用于识别将使用数据组编号中的数值
6	含逻辑参数的数据组名称:系统自动赋予一个名称,可以被改写需要编辑参数时可单击箭头,相关选项窗口即自动打开。通过"样条逻辑"可显示和隐藏该栏

3. 重命名文件

在导航器的右侧区域中选中要重命名的元素（文件或文件夹），单击【编辑】按钮，在导航器中选择【改名】，输入更改的名称，再单击右下方的【OK】按钮。重命名文件如图 3-8 所示。

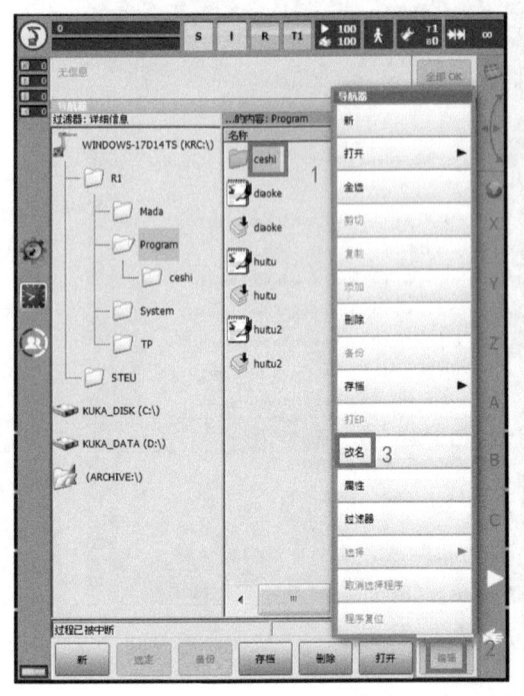

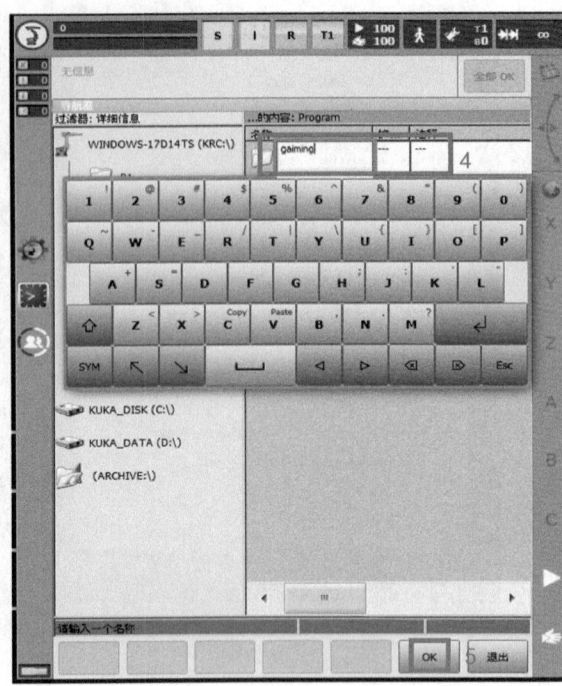

图 3-8 重命名文件

4. 删除程序行

选定要删除的程序行，依次单击下方的【编辑】→【删除】→【是】按钮，如图 3-9 所示。

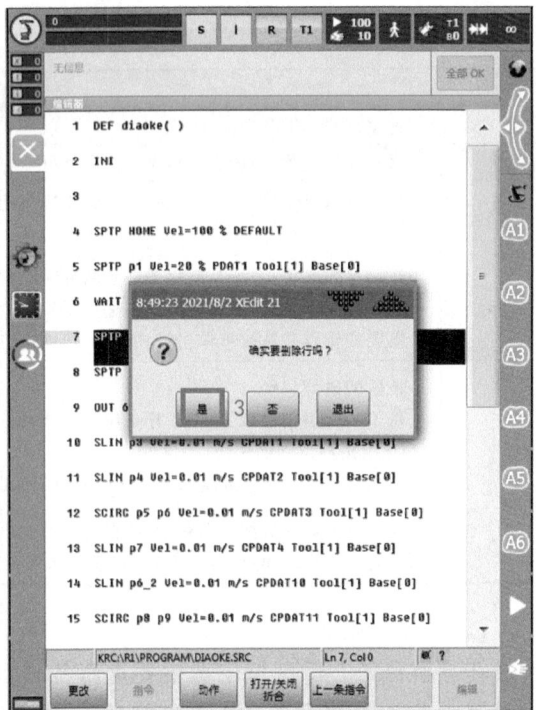

图 3-9 删除程序行

二、任务实施

1. 运动规划

为工业机器人手动安装模拟焊接工具,在模拟焊接模块上进行模拟焊接作业,各示教点需与模拟焊接模块保持 8~10mm 距离,运动路径如图 3-10 所示。

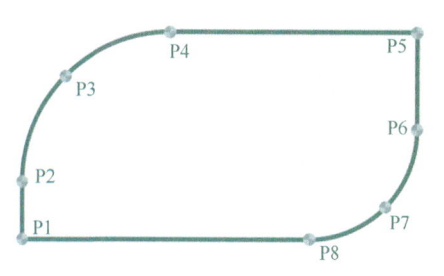

图 3-10 模拟焊接运动路径

2. 手动安装模拟焊接工具

1)在示教器界面中,依次单击【主菜单】→【显示】→【输入/输出端】→【数字输出端】,进入 I/O 控制界面,再选中输出端第三行,单击【值】按钮,如图 3-11 所示。

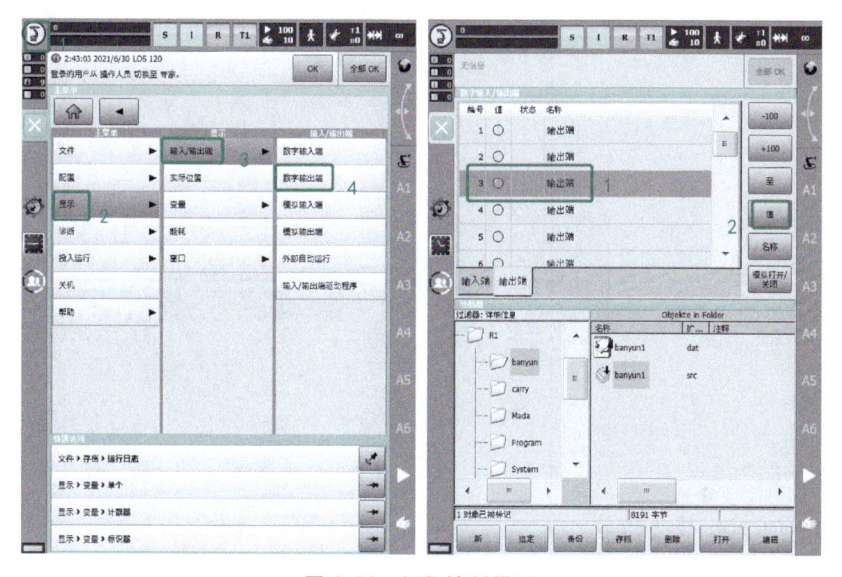

图 3-11 I/O 控制界面

2)单击 3 号 I/O 状态按钮,使 3 号 I/O 强制输出为 1,3 号 I/O 后面的圆圈变为绿色,快换末端卡扣收缩,如图 3-12 所示。

3)手动将焊接工具安装在快换接口法兰上,再单击 3 号 I/O 对应的【值】按钮,使 3 号 I/O 强制输出为 0,3 号 I/O 后面的绿色圆圈变为白色,快换末端卡扣张开,完成模拟焊接工具安装,如图 3-13 所示。

图 3-12 强制输出

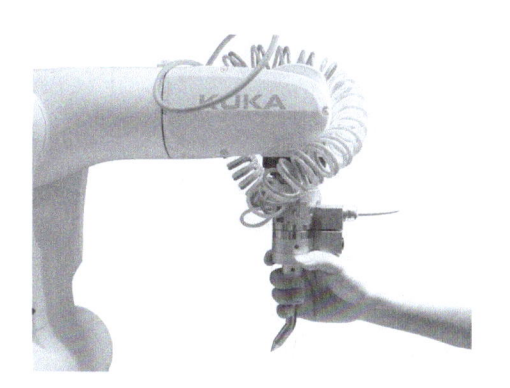

图 3-13 安装模拟焊接工具

3. 示教编程

1)新建程序，操作步骤见表3-4。

表3-4 新建程序的操作步骤

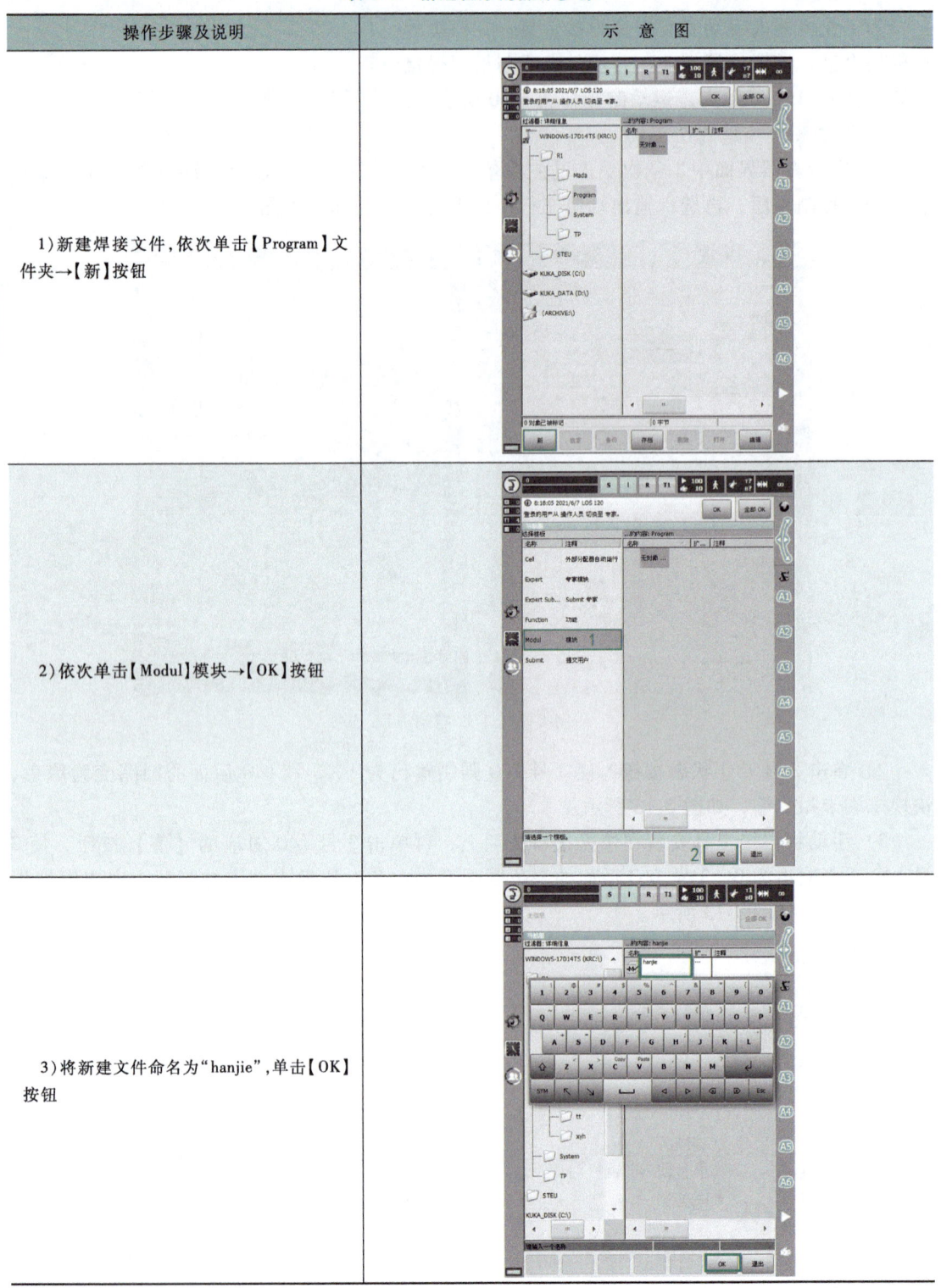

操作步骤及说明	示　意　图
1)新建焊接文件，依次单击【Program】文件夹→【新】按钮	
2)依次单击【Modul】模块→【OK】按钮	
3)将新建文件命名为"hanjie"，单击【OK】按钮	

2)新建坐标系,操作步骤见表3-5。

表3-5 新建坐标系的操作步骤

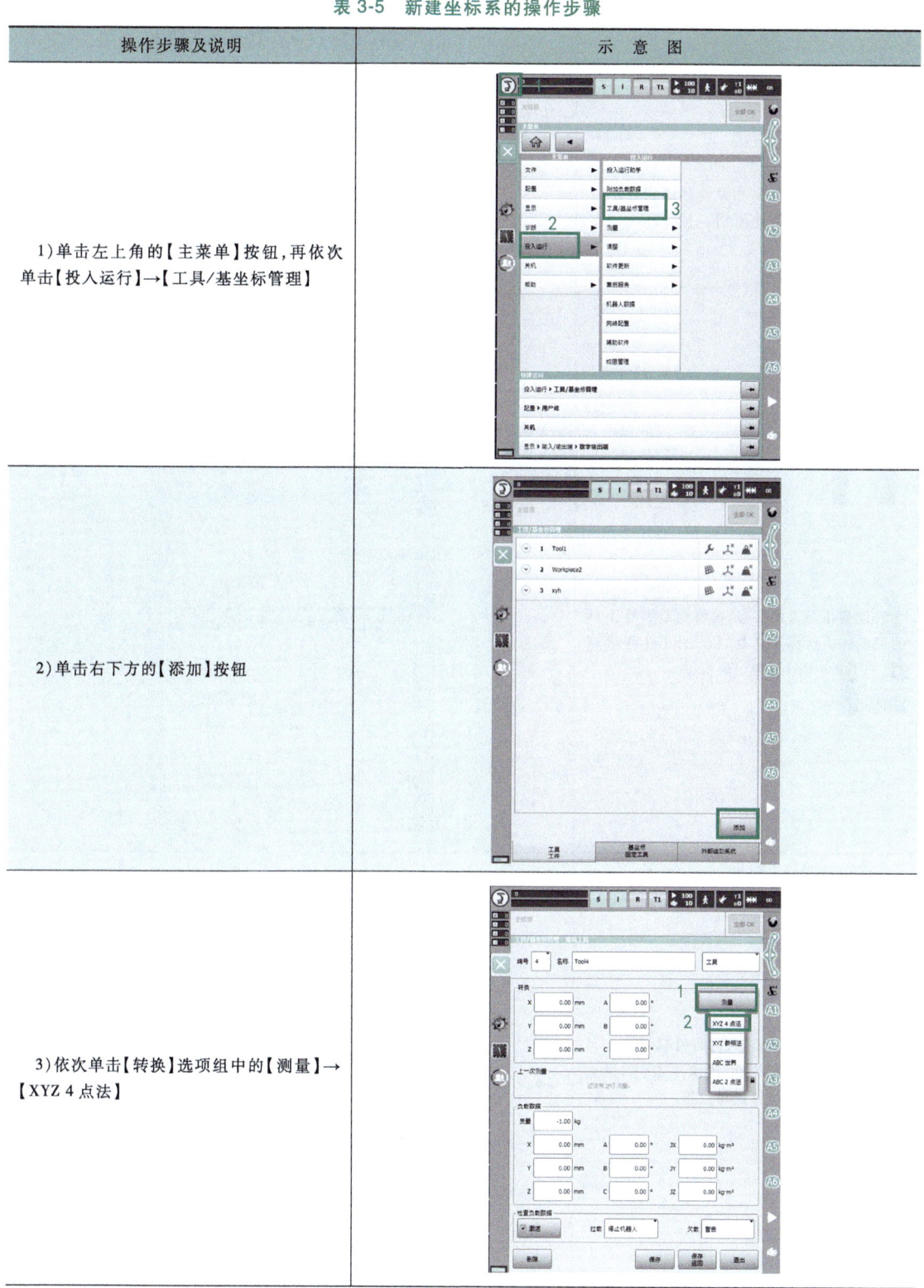

操作步骤及说明	示 意 图
1)单击左上角的【主菜单】按钮,再依次单击【投入运行】→【工具/基坐标管理】	
2)单击右下方的【添加】按钮	
3)依次单击【转换】选项组中的【测量】→【XYZ 4点法】	

（续）

操作步骤及说明	示意图
4）将模拟焊接工具的尖点移动到标定针处，再依次单击【测量点1】→【Touch-Up】按钮记录位置	
5）调整机器人的姿态，再将模拟焊接工具的尖点移动到标定针处，依次单击【测量点2】→【Touch-Up】按钮记录位置	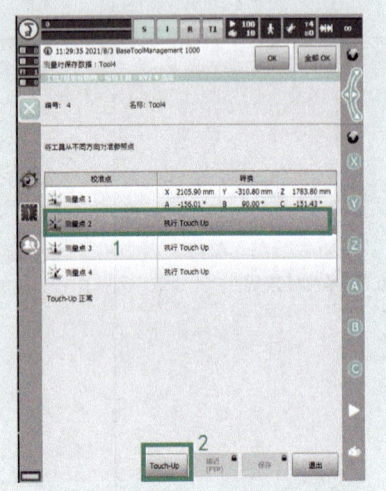
6）调整机器人的姿态，再将模拟焊接工具的尖点移动到标定针处，依次单击【测量点3】→【Touch-Up】按钮记录位置	

（续）

操作步骤及说明	示　意　图
7）调整机器人的姿态，将模拟焊接工具的前端垂直于水平面，再将模拟焊接工具的尖点移动到标定针处，依次单击【测量点4】→【Touch-Up】按钮记录位置	
8）单击【退出】按钮	
9）依次单击【转换】选项组中的【测量】→【ABC 2点法】	

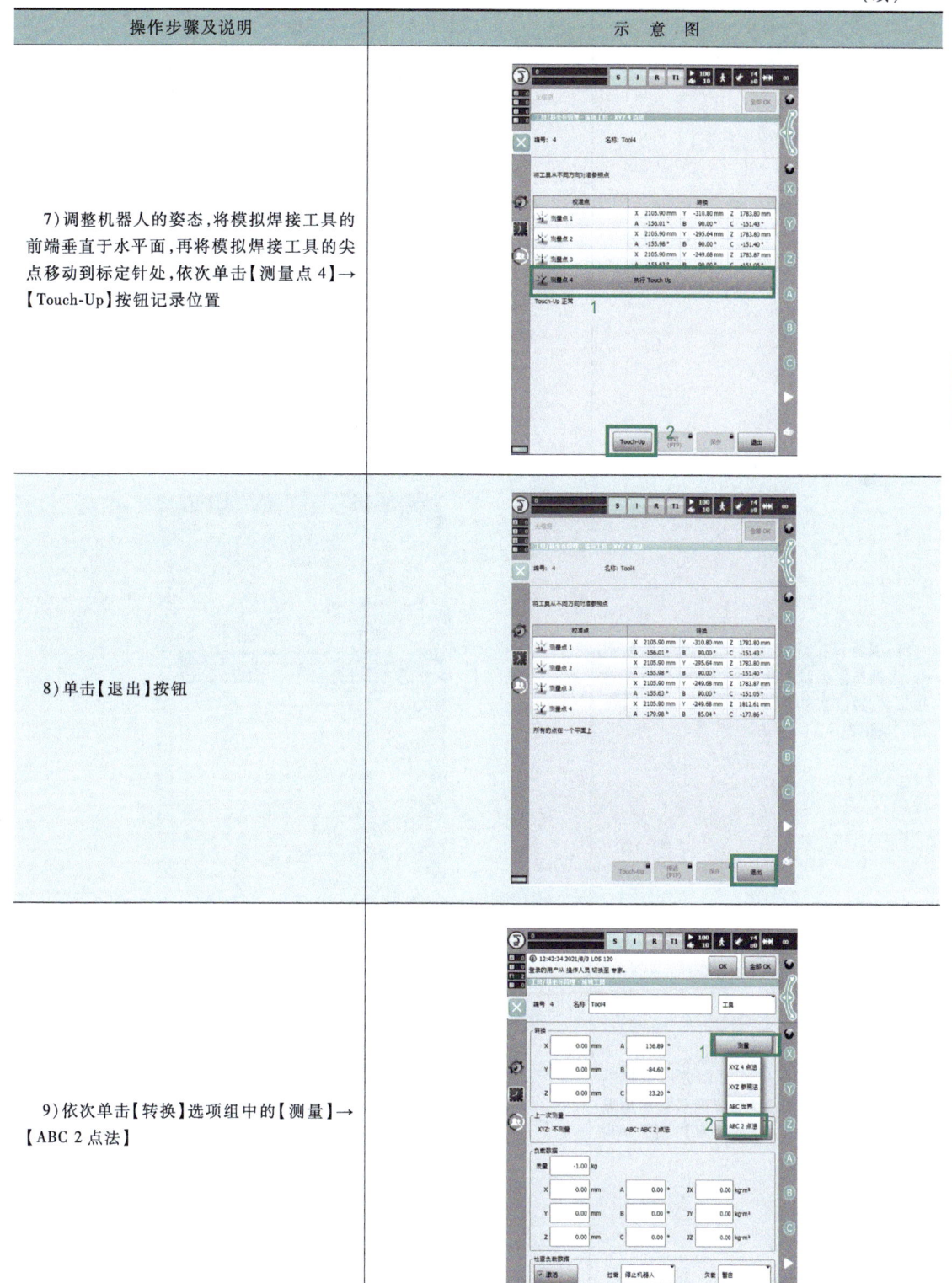

(续)

操作步骤及说明	示　意　图
10）保持步骤7）中模拟焊接工具的姿态（使模拟焊接工具前端与工作台垂直），依次单击【TCP】→【Touch-Up】按钮记录位置	
11）保持模拟焊接工具 Z 轴方向坐标不变，手动操作机器人沿 X 轴方向移动模拟焊接工具，再依次单击【X轴】→【Touch-Up】按钮记录位置	
12）保持模拟焊接工具 Z 轴方向坐标不变，手动操作机器人沿 Y 轴方向移动模拟焊接工具，再依次单击【XY层面】→【Touch-Up】按钮记录位置	

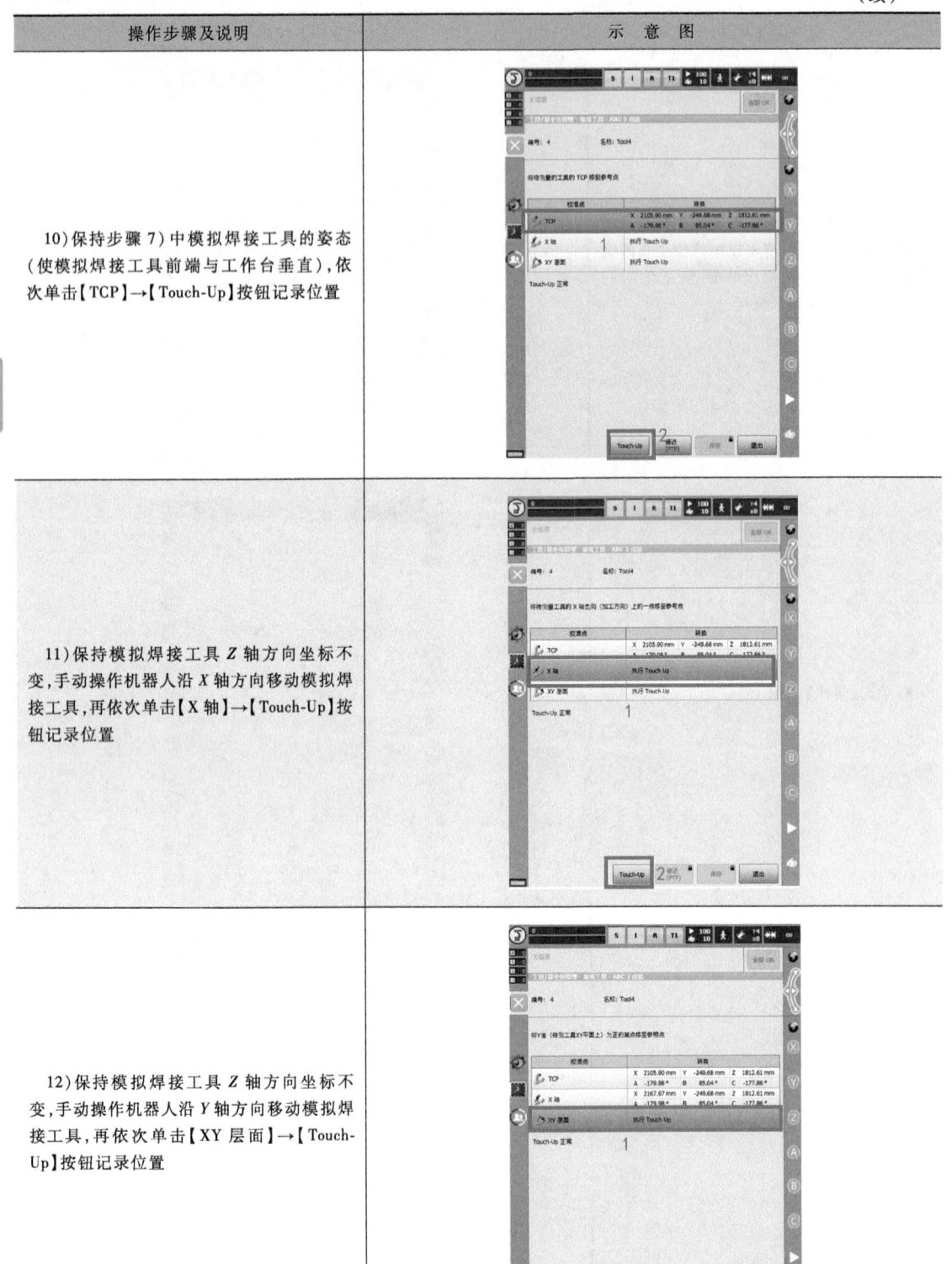

项目三 工业机器人焊接应用编程

（续）

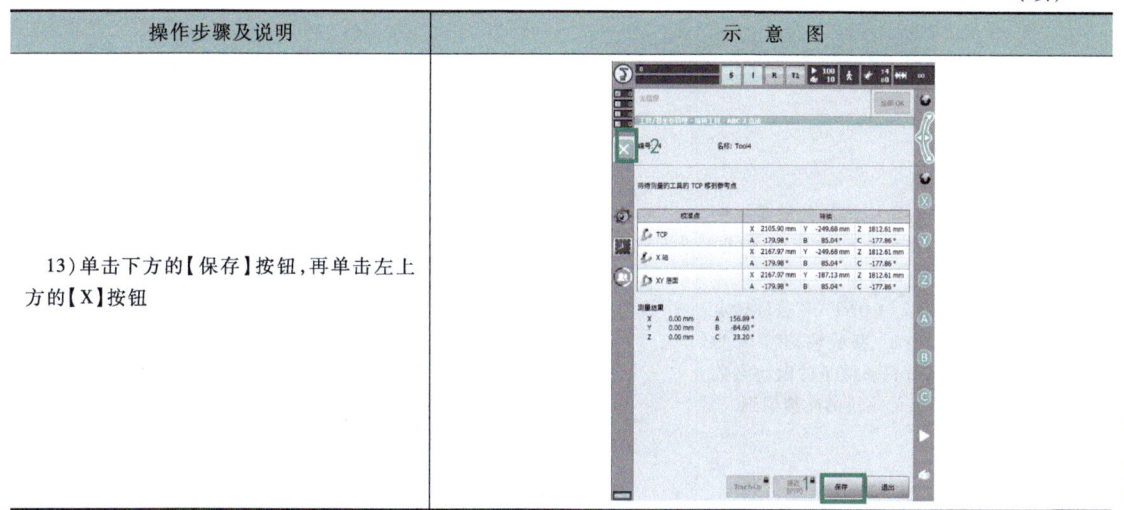

操作步骤及说明	示意图
13）单击下方的【保存】按钮，再单击左上方的【X】按钮	

注：工件坐标系的建立方法可参照项目二。

3）模拟焊接应用程序编程的操作步骤见表3-6。

表3-6 模拟焊接应用程序编程的操作步骤

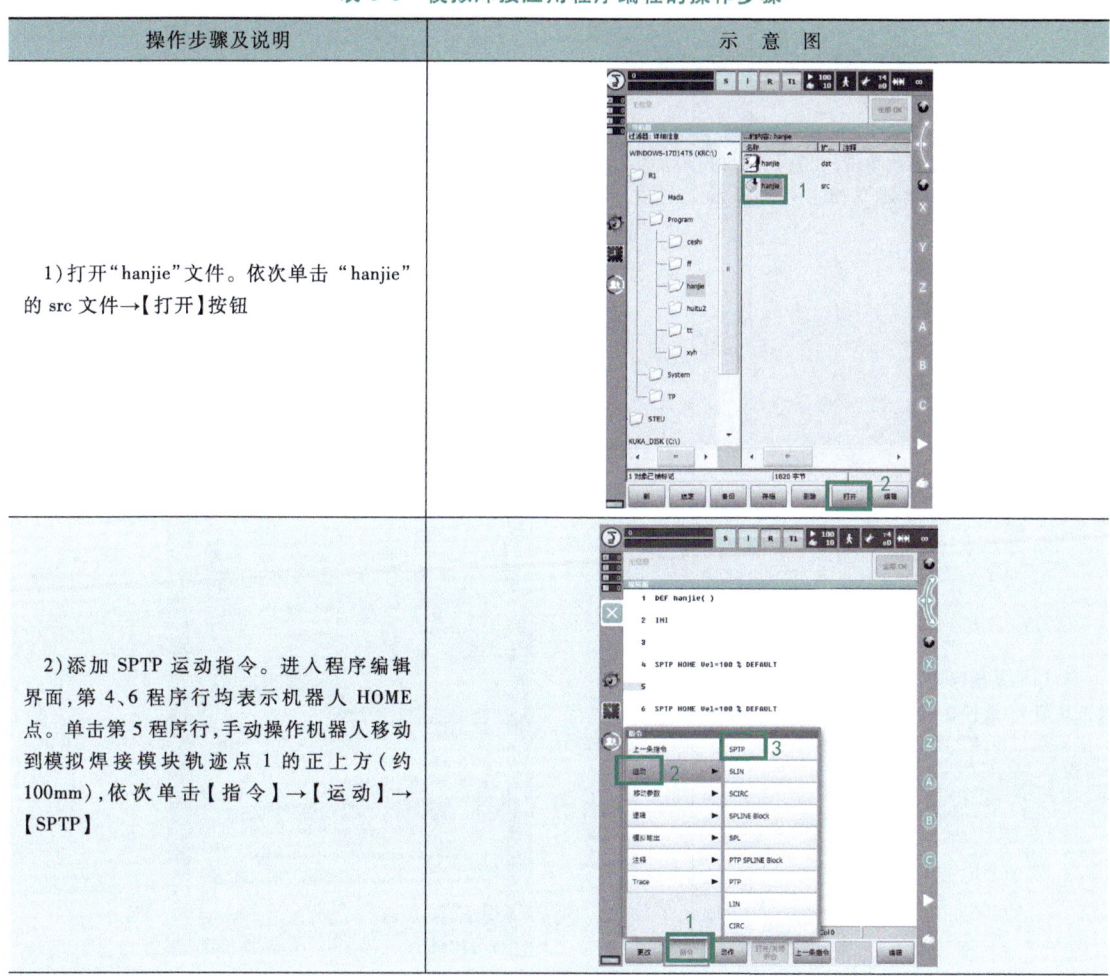

操作步骤及说明	示意图
1）打开"hanjie"文件。依次单击"hanjie"的src文件→【打开】按钮	
2）添加SPTP运动指令。进入程序编辑界面，第4、6程序行均表示机器人HOME点。单击第5程序行，手动操作机器人移动到模拟焊接模块轨迹点1的正上方（约100mm），依次单击【指令】→【运动】→【SPTP】	

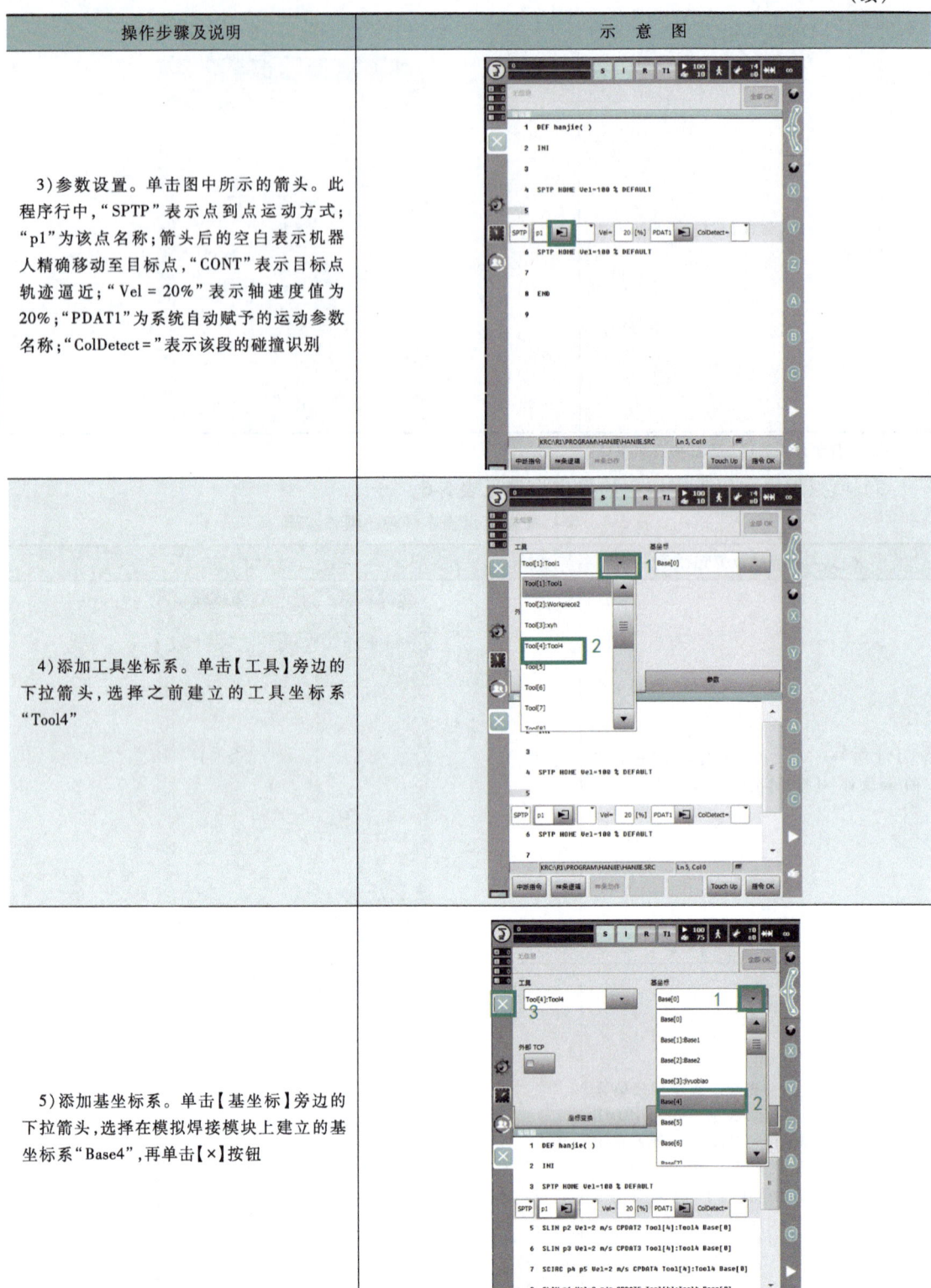

（续）

操作步骤及说明	示　意　图
3）参数设置。单击图中所示的箭头。此程序行中，"SPTP"表示点到点运动方式；"p1"为该点名称；箭头后的空白表示机器人精确移动至目标点，"CONT"表示目标点轨迹逼近；"Vel = 20%"表示轴速度值为20%；"PDAT1"为系统自动赋予的运动参数名称；"ColDetect ="表示该段的碰撞识别	
4）添加工具坐标系。单击【工具】旁边的下拉箭头，选择之前建立的工具坐标系"Tool4"	
5）添加基坐标系。单击【基坐标】旁边的下拉箭头，选择在模拟焊接模块上建立的基坐标系"Base4"，再单击【×】按钮	

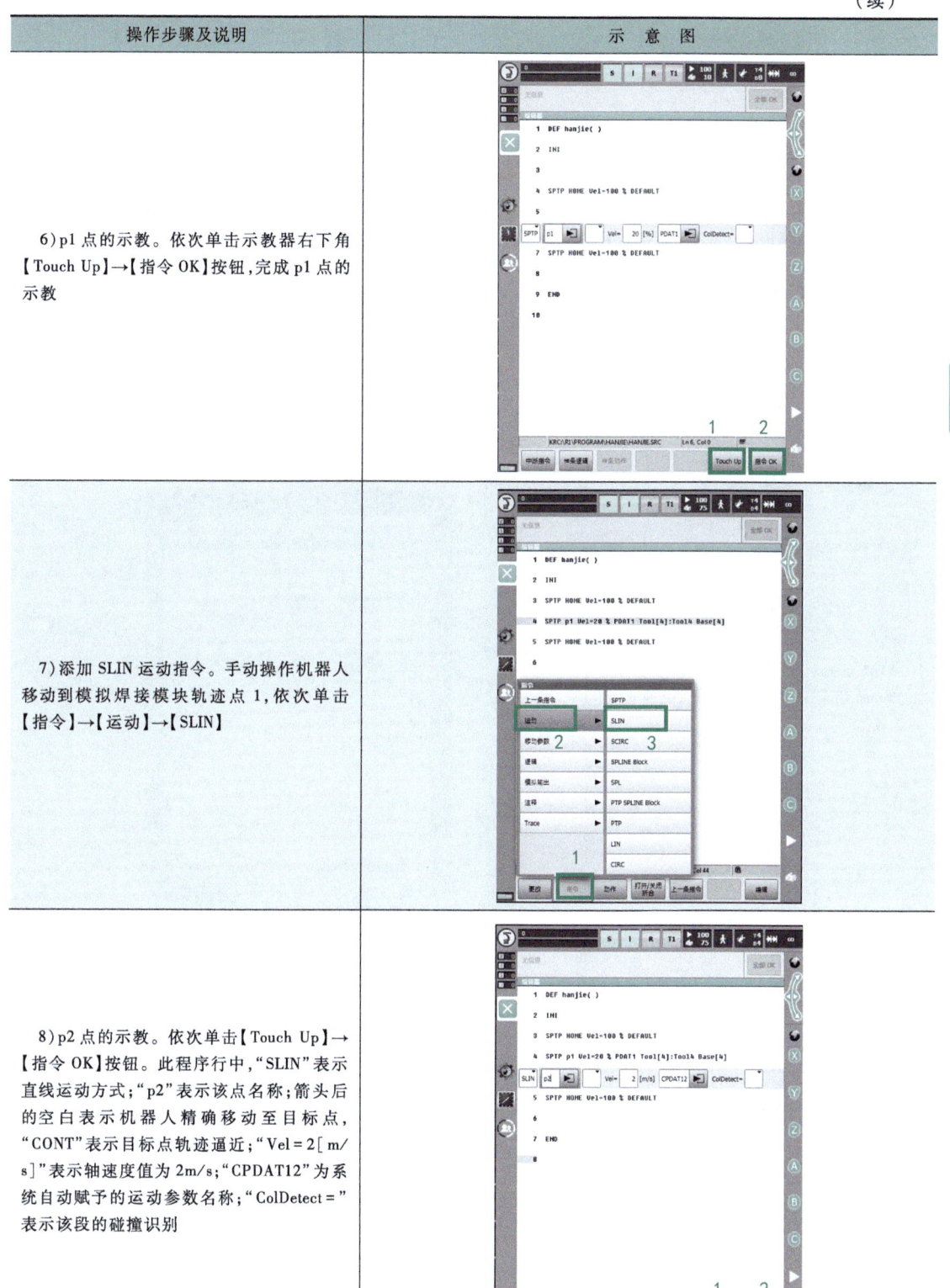

（续）

操作步骤及说明	示 意 图
6) p1 点的示教。依次单击示教器右下角【Touch Up】→【指令 OK】按钮，完成 p1 点的示教	
7) 添加 SLIN 运动指令。手动操作机器人移动到模拟焊接模块轨迹点 1，依次单击【指令】→【运动】→【SLIN】	
8) p2 点的示教。依次单击【Touch Up】→【指令 OK】按钮。此程序行中，"SLIN"表示直线运动方式；"p2"表示该点名称；箭头后的空白表示机器人精确移动至目标点，"CONT"表示目标点轨迹逼近；"Vel=2[m/s]"表示轴速度值为 2m/s；"CPDAT12"为系统自动赋予的运动参数名称；"ColDetect="表示该段的碰撞识别	

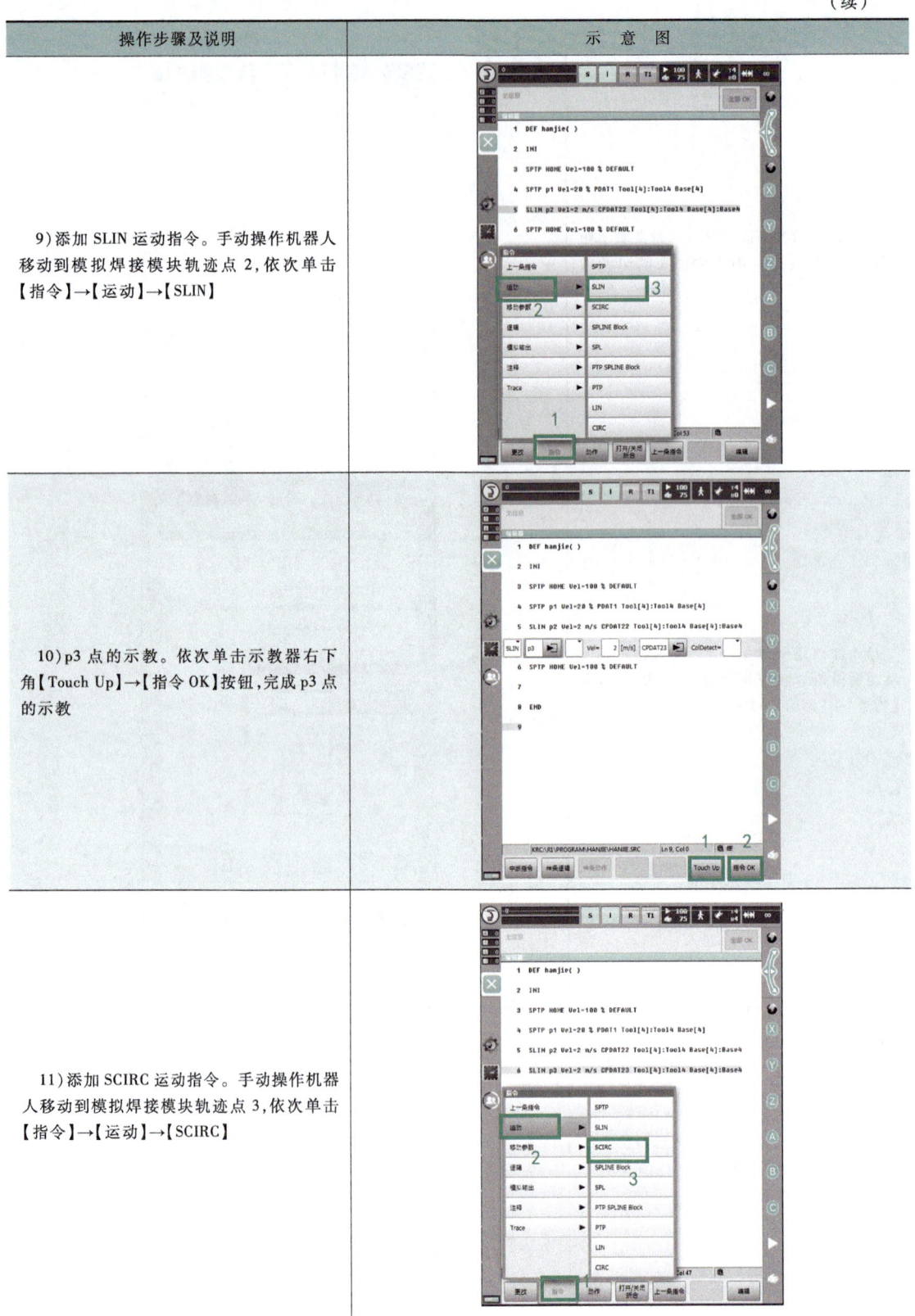

(续)

操作步骤及说明	示意图
9）添加 SLIN 运动指令。手动操作机器人移动到模拟焊接模块轨迹点 2，依次单击【指令】→【运动】→【SLIN】	
10）p3 点的示教。依次单击示教器右下角【Touch Up】→【指令 OK】按钮，完成 p3 点的示教	
11）添加 SCIRC 运动指令。手动操作机器人移动到模拟焊接模块轨迹点 3，依次单击【指令】→【运动】→【SCIRC】	

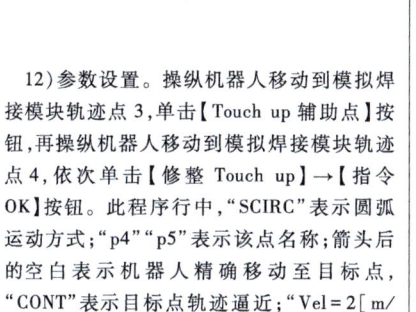

（续）

操作步骤及说明	示　意　图
12）参数设置。操纵机器人移动到模拟焊接模块轨迹点3，单击【Touch up 辅助点】按钮，再操纵机器人移动到模拟焊接模块轨迹点4，依次单击【修整 Touch up】→【指令 OK】按钮。此程序行中，"SCIRC"表示圆弧运动方式；"p4""p5"表示该点名称；箭头后的空白表示机器人精确移动至目标点，"CONT"表示目标点轨迹逼近；"Vel=2[m/s]"表示轴速度值为2m/s；"CPDAT24"为系统自动赋予的运动参数名称；"ColDetect="表示该段的碰撞识别	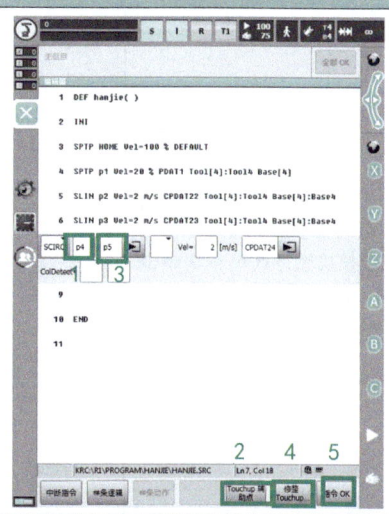
13）添加 SLIN 运动指令。手动操作机器人移动到模拟焊接模块轨迹点5，依次单击【指令】→【运动】→【SLIN】	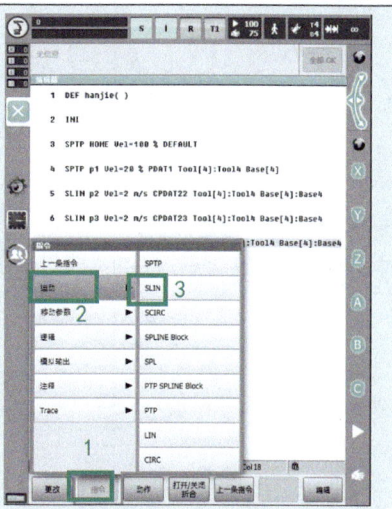
14）p6 点的示教。依次单击示教器右下角【Touch Up】→【指令 OK】按钮，完成 p6 点的示教	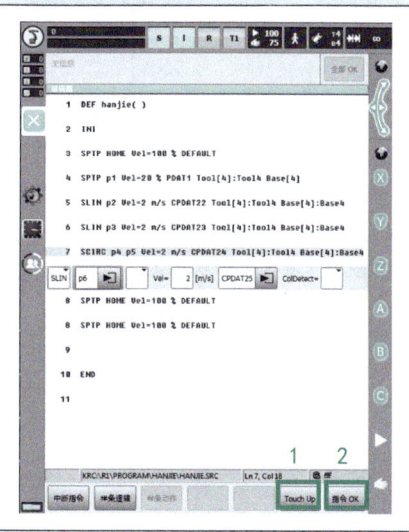

(续)

操作步骤及说明	示意图
15）添加 SLIN 运动指令。手动操作机器人移动到模拟焊接模块轨迹点 6，依次单击【指令】→【运动】→【SLIN】	
16）p7 点的示教。依次单击示教器右下角【Touch Up】→【指令 OK】按钮，完成 p7 点的示教	
17）添加 SCIRC 运动指令。手动操作机器人移动到模拟焊接模块轨迹点 7，依次单击【指令】→【运动】→【SCIRC】	

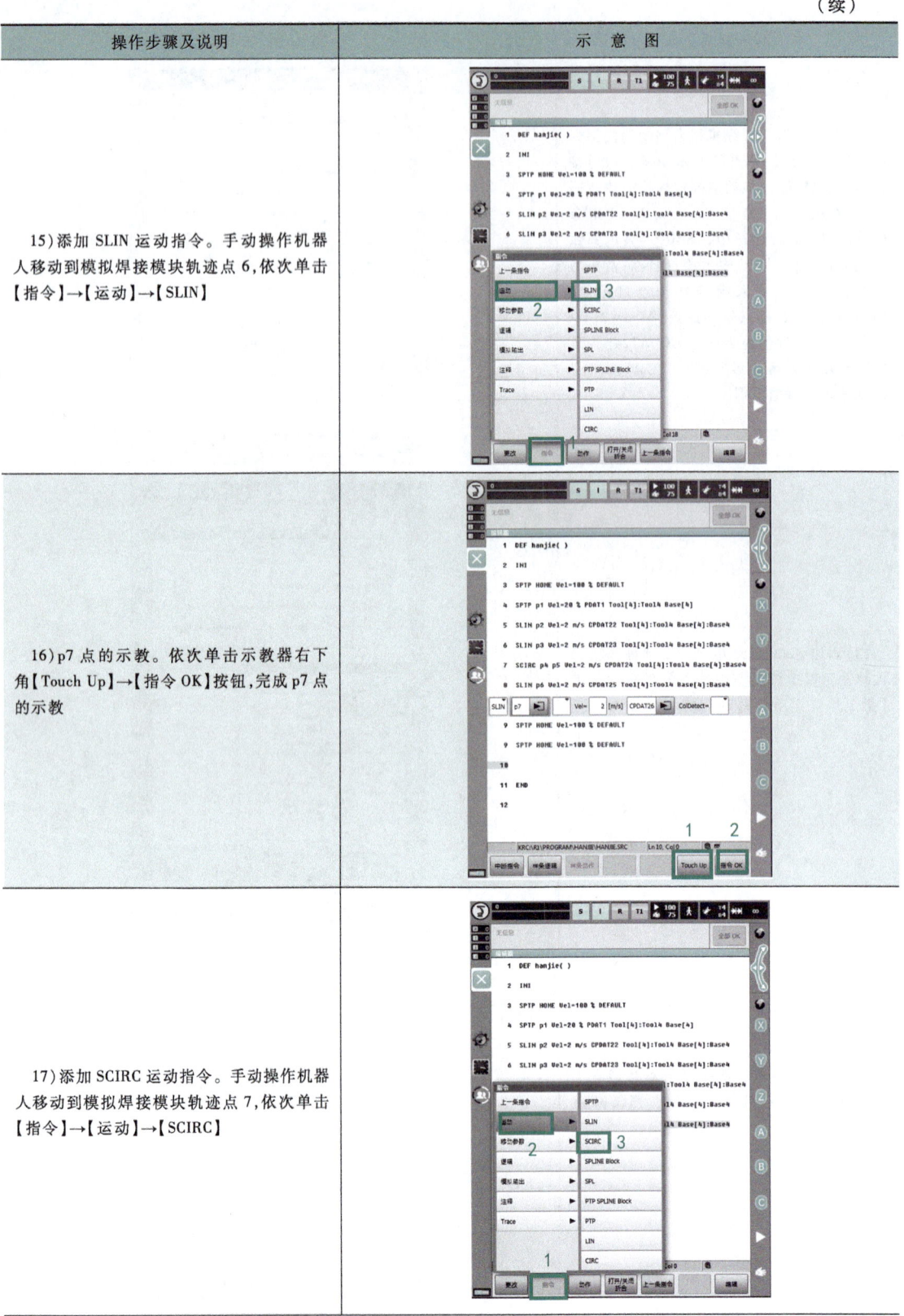

项目三 工业机器人焊接应用编程

（续）

操作步骤及说明	示 意 图
18）参数设置。操纵机器人移动到模拟焊接模块轨迹点7，单击【Touch Up 辅助点】按钮，再操纵机器人移动到模拟焊接模块轨迹点8，依次单击【修整 Touch Up】→【指令 OK】按钮	
19）添加 SLIN 运动指令。手动操作机器人移动到模拟焊接模块轨迹点8，依次单击【指令】→【运动】→【SLIN】	
20）p10点的示教。依次单击示教器右下角【Touch Up】→【指令 OK】按钮，完成 p10点的示教	

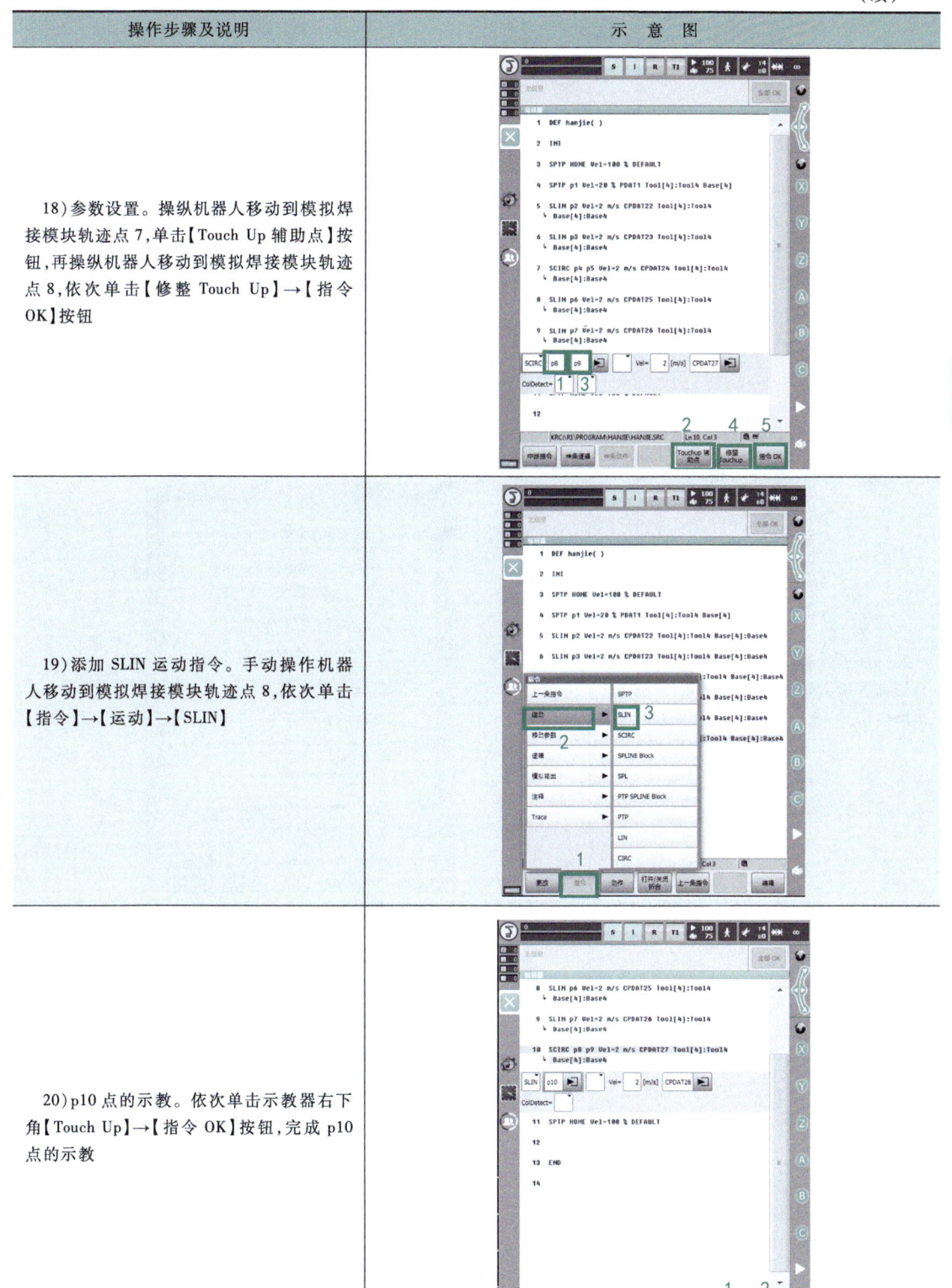

65

操作步骤及说明	示　意　图
21）添加 SLIN 运动指令。手动操作机器人移动到模拟焊接模块轨迹点 1 上方 100mm 处，依次单击【指令】→【运动】→【SLIN】	
22）p11 点的示教。依次单击示教器右下角【Touch Up】→【指令 OK】按钮，完成 p11 点的示教	
23）程序编制完成	

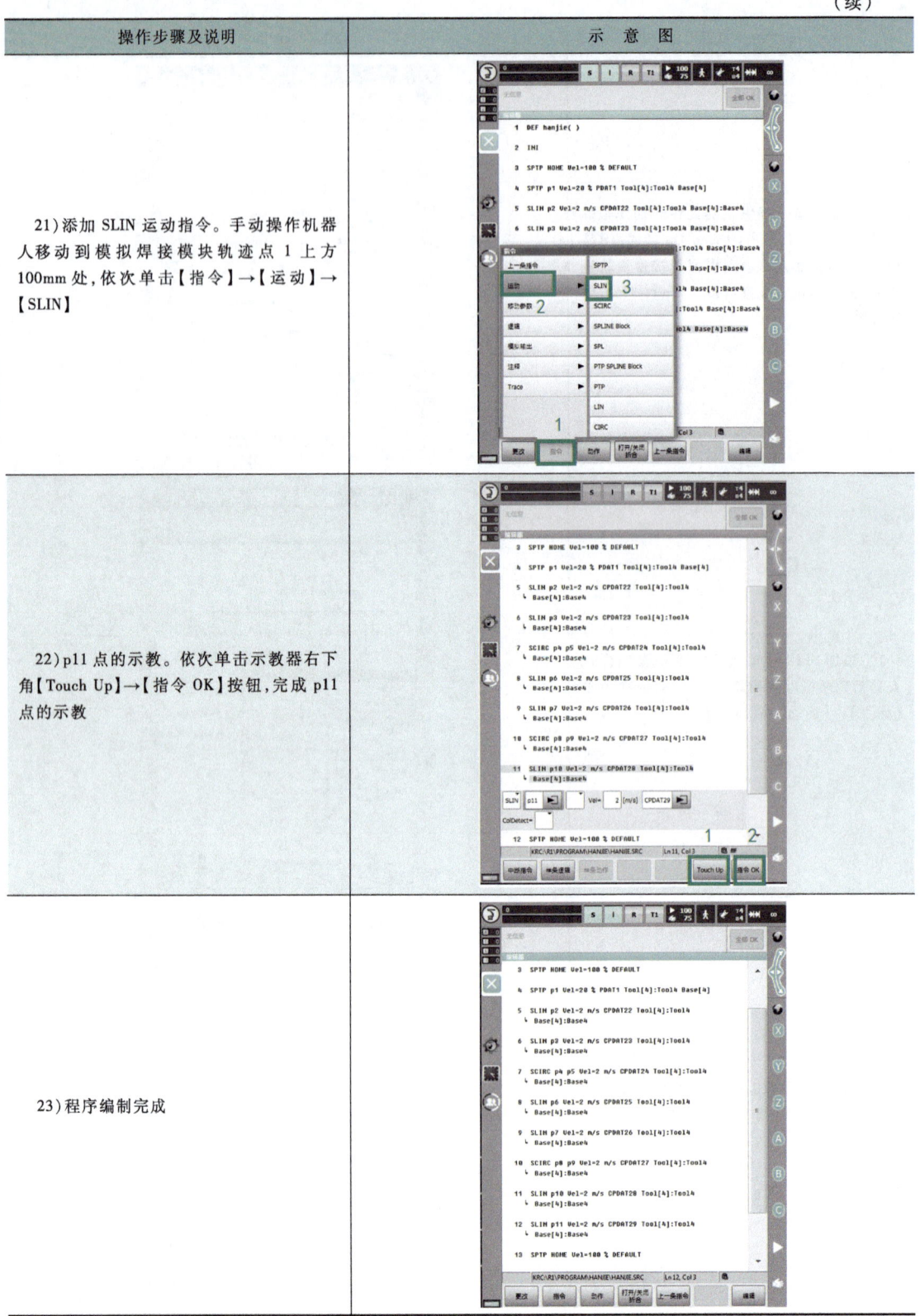

4. 程序调试与运行

1）加载程序。编程完成后，保存的程序必须加载到内存中才能运行。选择"hanjie"目录下的"hanjie"程序，单击示教器下方的【选定】按钮，完成程序的加载，如图3-14所示。

2）试运行程序。程序加载后，程序执行的蓝色指示箭头位于初始行。使示教器白色确认开关保持在中间档，然后按住示教器左侧绿色三角形正向运行键，状态栏"R"和程序内部运行状态文字说明为绿色，则表示程序开始试运行，蓝色指示箭头依次下移。

当蓝色指示箭头移至第4行SPTP命令行时，弹出"BCO"提示信息，单击【OK】或【全部OK】按钮，继续试运行程序，如图3-15所示。

3）自动运行程序。经过试运行确保程序无误后，方可自动运行程序，自动运行程序的操作步骤如下：

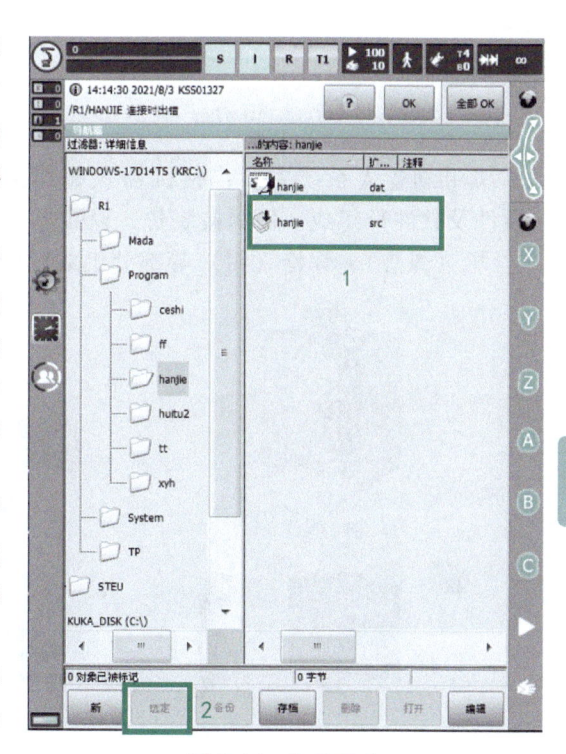

图 3-14 加载程序

图 3-15 "BCO"提示信息

① 加载程序。

② 手动操作程序，直至程序提示"BCO"信息。

③ 通过示教器上的运行方式选择开关调用连接管理器，通过连接管理器切换运行方式，将运行方式选择开关转动到"锁紧"位置，弹出运行模式窗口，选择"AUT"（自动运行）模式，再将"运行方式选择"开关转动到"开锁"位置，此时示教器顶端的状态栏中"T1"改为"AUT"。

④ 为安全起见，降低机器人自动运行速度，在第一次运行程序时，建议将程序调节量设定为10%。

⑤ 单击示教器左侧蓝色三角形正向运行键，程序自动运行，机器人自动完成焊接任务。

知识拓展

一、焊接机器人简介

焊接机器人系统主要包括机器人和焊接设备两部分。机器人由机器人本体和控制器（硬件及软件）组成。而焊接装备，以弧焊及点焊为例，则由焊接电源（包括其控制系统）、送丝机（弧焊）、焊枪（钳）等部分组成。焊接机器人系统如图3-16所示。

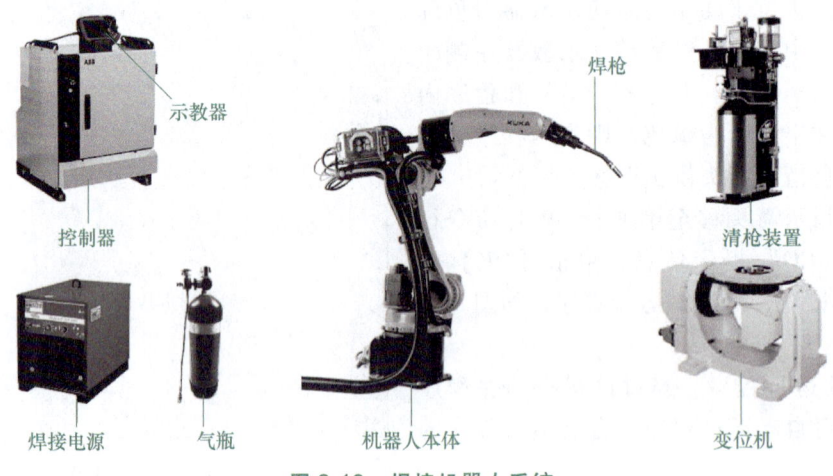

图 3-16 焊接机器人系统

世界各国生产的焊接机器人基本上都属于关节机器人，绝大部分有6个轴。其中，1、2、3轴可将末端工具送到不同的空间位置，而4、5、6轴解决工具姿态不同要求的问题。焊接机器人本体的机械结构主要有两种型式：一种为平行四边形结构，一种为侧置式（摆式）结构。平行四边形机器人的上臂是通过一根拉杆驱动的。拉杆与下臂组成平行四边形的两条边。早期开发的平行四边形机器人工作空间比较小（局限于机器人的前部），难以倒挂工作。但20世纪80年代后期以来开发的新型平行四边形机器人（平行机器人）已能把工作空间扩大到机器人的顶部、背部及底部，又没有侧置式机器人的刚度问题，从而得到了普遍的重视。这种结构不仅适合于轻型机器人，也适合于重型机器人。近年来，点焊机器人（负载100~150kg）大多选用平行四边形结构型式。侧置式（摆式）结构的主要优点是：上、下臂的活动范围大，使机器人的工作空间几乎能形成一个球体。因此，这种机器人可倒挂在机架上工作，以节省占地面积，方便地面物件的流动。但是这种侧置式机器人的2、3轴为悬臂结构，降低了机器人的刚度，一般适用于负载较小的场合，如电弧焊、切割或喷涂。

按照机器人作业中所采用的焊接方法，可将焊接机器人分为点焊机器人、弧焊机器人、搅拌摩擦焊机器人及激光焊机器人等类型。

点焊机器人具有有效载荷大、工作空间大的特点，配备专用的点焊枪，并能实现灵活准确的运动，以适应点焊作业的要求，其最典型的应用是用于汽车车身的自动装配生产线。点焊机器人如图3-17所示。

弧焊机器人因弧焊的连续作业要求，需实现连续轨迹控制，也可利用插补功能根据示教点生成连续的焊接轨迹。弧焊机器人除机器人本体、示教器与控制器之外，还包括焊枪、自动送丝机构、焊接电源和保护气体相关部件等。根据熔化极焊接与非熔化极焊接的区别，其送丝机构在安装位置和结构设计上也有不同的要求。弧焊机器人如图 3-18 所示。

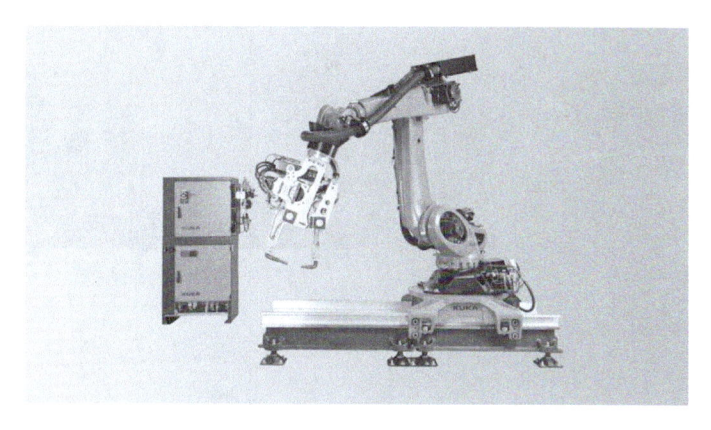

图 3-17　点焊机器人

激光焊机器人除了有较高的精度要求外，还常通过与线性轴、旋转台或其他机器人协作的方式，以实现复杂曲线焊缝或大型焊件的灵活焊接。激光焊机器人如图 3-19 所示。

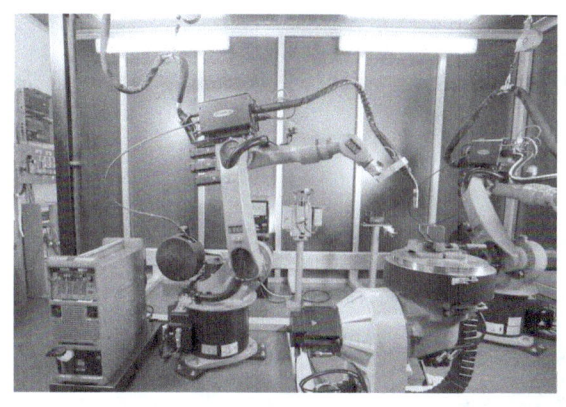

图 3-18　弧焊机器人

图 3-19　激光焊机器人

机器人在焊接过程中，焊枪喷嘴内外残留的焊渣以及焊丝干伸长的变化等势必影响到产品的焊接质量和稳定性。清枪装置是一套维护焊枪的装置，能够保证焊接过程的顺利进行，减少人为的干预，让整个自动化焊接工作站流畅运转。清枪装置如图 3-20 所示。

清枪过程包含以下三个动作：

1）清焊渣：由自动机械装置带动顶端的尖头旋转对焊渣进行清洁。

2）喷雾：自动喷雾装置对清完焊渣的枪头部分进行喷雾，防止焊接过程中焊渣和飞溅物粘连到导电嘴上。

3）剪焊丝：自动剪切装置将焊丝剪至合适的长度。

对于某些焊接场合，由于工件空间几何形状过于复杂，使焊接机器人的末端工具无法到达指定的焊接位置或姿态，此时可以通过增加

图 3-20　清枪装置

1~3个外部轴的办法来增加机器人的自由度。还有一种做法是通过变位机让焊接工件移动或转动，使工件上的待焊部位进入机器人的作业空间。变位机如图3-21所示。

图3-21 变位机

二、配置焊接模式

用户可以为应用程序配置最多32个焊接模式，为每一个焊接模式配置不同的全局参数和电源的输入端/输出端，并为每一个焊接模式创建任务专用的数据组。

1）选择选项卡模式。

2）单击按钮【+】，以添加所需的焊接模式数量。

3）通过开关激活所需的焊接模式，并单击箭头键展开。所选焊接模式激活后，可以进行参数配置。

三、焊接工业机器人应用实例

KUKA机器人当前应用最广泛的是汽车制造行业，除此之外，它在农业机械、电梯、PC、工程机械和轨道交通等众多领域也具有非常强大的智能解决能力。可将多种焊接工艺进行融合，形成紧凑型多功能单元，如图3-22所示。

紧凑型多功能单元是将一台KR 6-2型KUKA机器人集成于一个H形回转平台的中央，利用这个回转平台可以使生产过程中始终有一个焊接夹具处于工作状态，同时第二个夹具由操作员装入工件。这样，操作员的操作对节拍没有影响。该单元既可以单独用一个机器人作为一个非常紧凑的机器人焊接单元使用，也可以配合其他机器人使用，后者可以融合不同的机器人焊接工艺。

图3-22 紧凑型多功能单元

首先，操作员将工件装载到焊接夹具上并且启动系统，回转平台将夹具在机器人下方旋转180°至焊接区，配有Fronius CMT焊枪的KUKA KR 6-2机器人伸入夹具中开始焊接工件。然后，第二台机器人（型号为KR 210 R2700 extra，配有X100气动伺服机器人焊钳）也移动至夹具中用点焊的方式将各工件焊接到一起。

焊接完成后，H形回转平台旋转，将第二个新装载的夹具送入机器人的工作空间。通过平台的旋转将第一个夹具移回到操作员的工作空间，夹具以气动方式打开，操作员可将焊接好的工件取出。

操作员装载/卸载工件的工作不会对节拍产生影响。把机器人安装在 H 形平台上的布置提高了机器人在夹具工作区内执行焊接时的可达性。安装在平台上的 KR 6-2 型 KUKA 机器人以其 6kg 的低负载和 1600mm 的工作半径完美地匹配了标准弧焊任务。机器人腕部的流线型设计确保机器人具有最小的破坏性轮廓线和最高的运动自由度。因此，这位焊接专家能够轻松到达工件上的所有焊接位置。

KR 210 R2700 extra 机器人能以很高的精度和速度执行点焊任务。与其他 KR QUANTEC 系列机器人一样，其特点是具有极低的空间要求和广泛的潜在应用范围。210kg 的有效负荷和 2926mm 的可达距离使其成为通用单元中点焊工艺的不二之选。此外，该型号的六轴机器人可以轻松执行搬运或机械加工任务。

评价反馈

评价反馈见表 3-7。

表 3-7 评价反馈

基本素养(30 分)					
序号	评估内容	自评	互评	师评	
1	纪律(无迟到、早退、旷课)(10 分)				
2	安全规范操作(10 分)				
3	团结协作能力、沟通能力(10 分)				
理论知识(30 分)					
序号	评估内容	自评	互评	师评	
1	SPTP、SLIN、SCIRC 等指令的应用(10 分)				
2	模拟焊接工艺流程(10 分)				
3	焊接机器人在行业中的应用(10 分)				
技能操作(40 分)					
序号	评估内容	自评	互评	师评	
1	模拟焊接轨迹规划(10 分)				
2	程序运行示教(10 分)				
3	程序校验、试运行(10 分)				
4	程序自动运行(10 分)				
综合评价					

练习与思考题

一、填空题

1. Change Tool 模块的作用是_____。
2. GotPgNo 模块的作用是_____。

3. R_work 模块的作用是_____。
4. RcheckCycle 模块的作用是_____。
5. DAT 数据文件的作用是_____。

二、简答题

1. 简述如何使用 XYZ 4 点法和 ABC 2 点法建立工具坐标系。
2. 简述常用的焊接机器人种类及各自的特点。

三、编程题

使用 KUKA-KR4 型工业机器人模拟焊接一个五角星，顺序如图 3-24 所示。

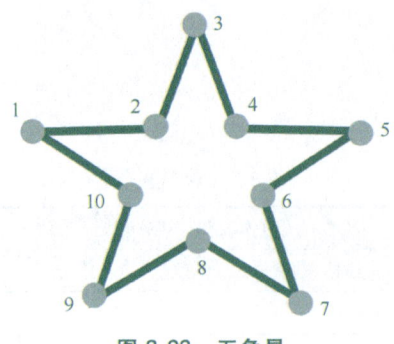

图 3-23　五角星

项目四　工业机器人激光雕刻应用编程

学习目标

1. 掌握机器人 I/O 控制方法。
2. 了解 KUKA 机器人的变量类型，掌握变量的建立方法。
3. 掌握机器人程序的备份方法。
4. 掌握工业机器人激光雕刻应用的编程。

工作任务

一、工作任务的背景

近年来，国内外已大量使用数控铣床雕刻大理石、花岗石和木材等，可在工件平面上雕刻各种花纹、文字和图像，提高了立体工艺品的生产效率。但是，数控铣床制作立体工艺品时，不能确保满足刻刀轴线恒垂直于工件待成形表面的工艺要求，影响加工效果，并产生较大的径向力，致使刀具磨损加快。使用多关节式机器人加工立体工艺品，克服了数控铣床的缺点，确保立体工艺品的加工质量。工业机器人雕刻立体工艺品如图 4-1 所示。

图 4-1　工业机器人雕刻立体工艺品

二、所需要的设备

工业机器人激光雕刻系统涉及的主要设备包括：工业机器人应用领域一体化教学创新平台（BNRT-IRAP-KR4）、KUKA-KR4 型工业机器人本体、电源、控制器、示教器、气泵和激光笔工具，如图 4-2 所示。

电源　　控制器　　示教器　　工业机器人本体　　雕刻模块　　激光笔　　气泵

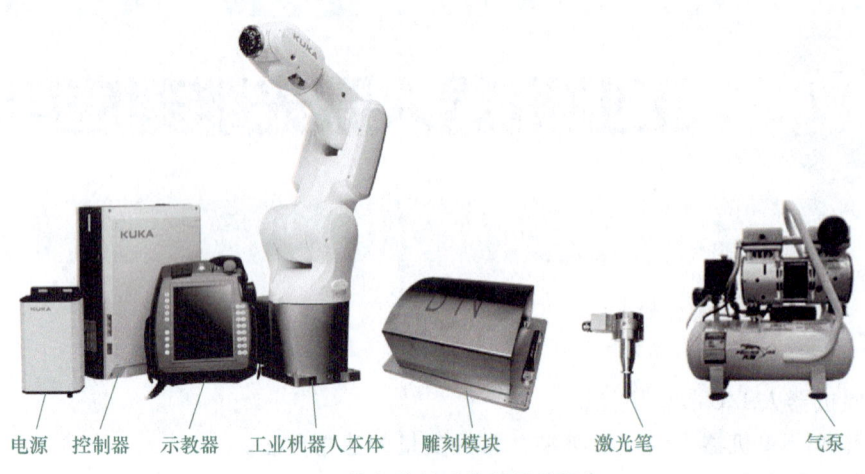

图 4-2　激光雕刻系统所需的设备

三、任务描述

将弧形雕刻模块安装在工作台的指定位置，在工业机器人末端手动安装激光笔工具，按照图 4-3 所示的路径进行雕刻（雕刻路径不唯一，也可自行规划雕刻路径）。利用示教器进行现场操作编程，按下启动按钮后，工业机器人自动从工作原点开始执行雕刻任务，雕刻完成后工业机器人返回工作原点。机器人在执行雕刻程序时，激光笔与工件保持 20mm 距离，且保持垂直于雕刻面，红色激光点应落在雕刻路径内。本任务需要完成 I/O 配置、变量创建、目标点示教、程序编写及调试等。

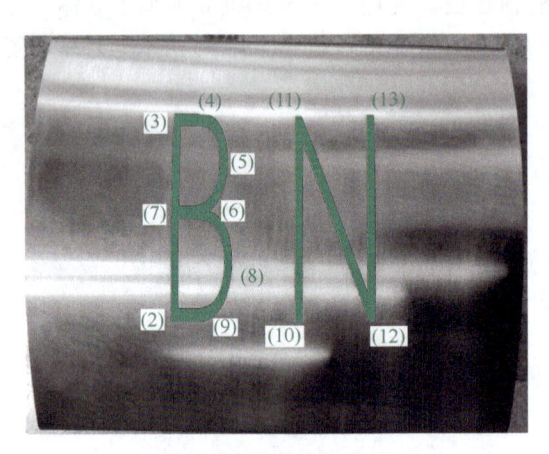

图 4-3　雕刻路径示意

实践操作

一、知识储备

1. 机器人 I/O 控制方法

通过控制机器人 I/O 可实现末端执行器的开闭。机器人 I/O 的控制方法见表 4-1。

项目四 工业机器人激光雕刻应用编程

表 4-1 机器人 I/O 控制方法

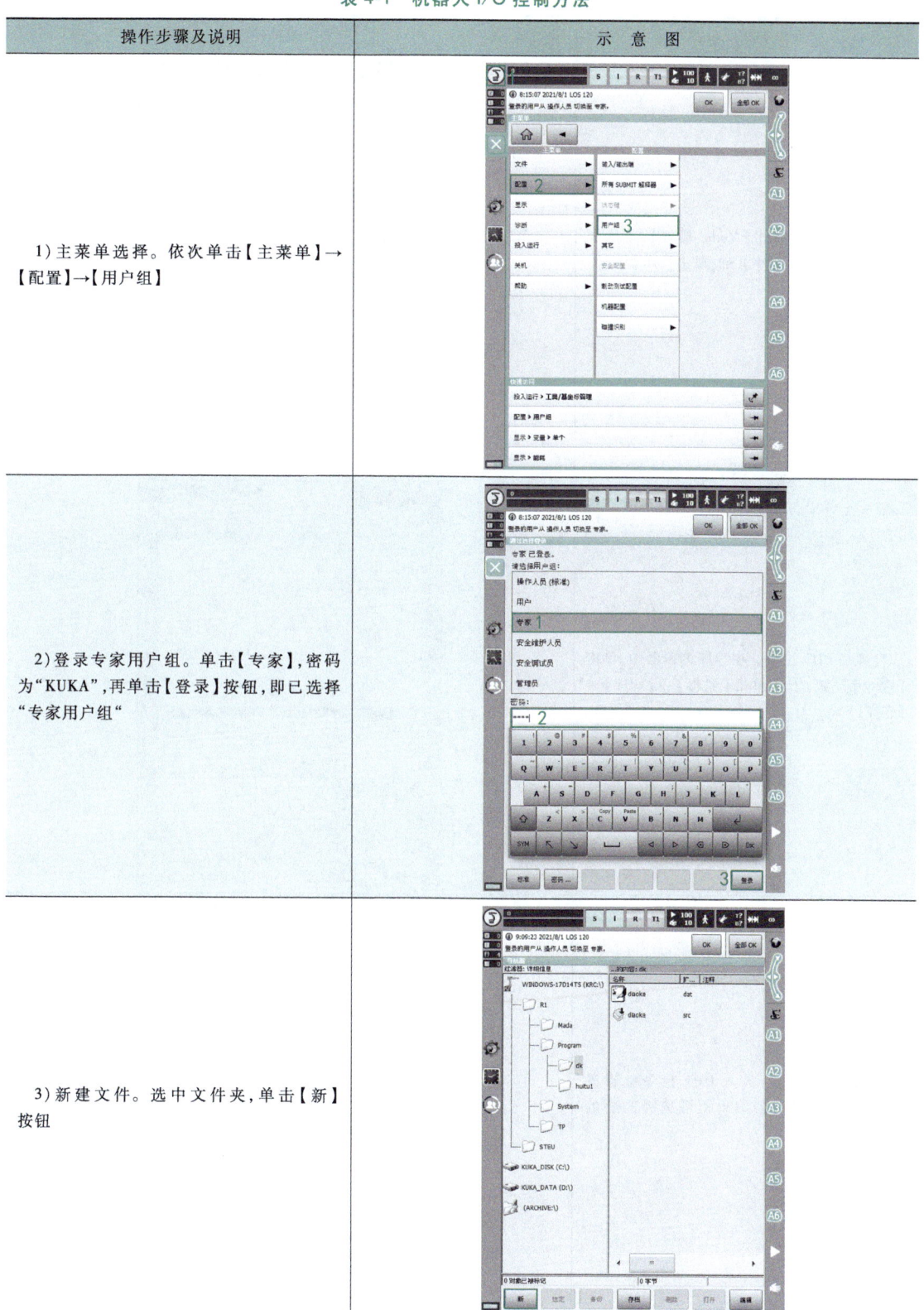

操作步骤及说明	示 意 图
1）主菜单选择。依次单击【主菜单】→【配置】→【用户组】	
2）登录专家用户组。单击【专家】，密码为"KUKA"，再单击【登录】按钮，即已选择"专家用户组"	
3）新建文件。选中文件夹，单击【新】按钮	

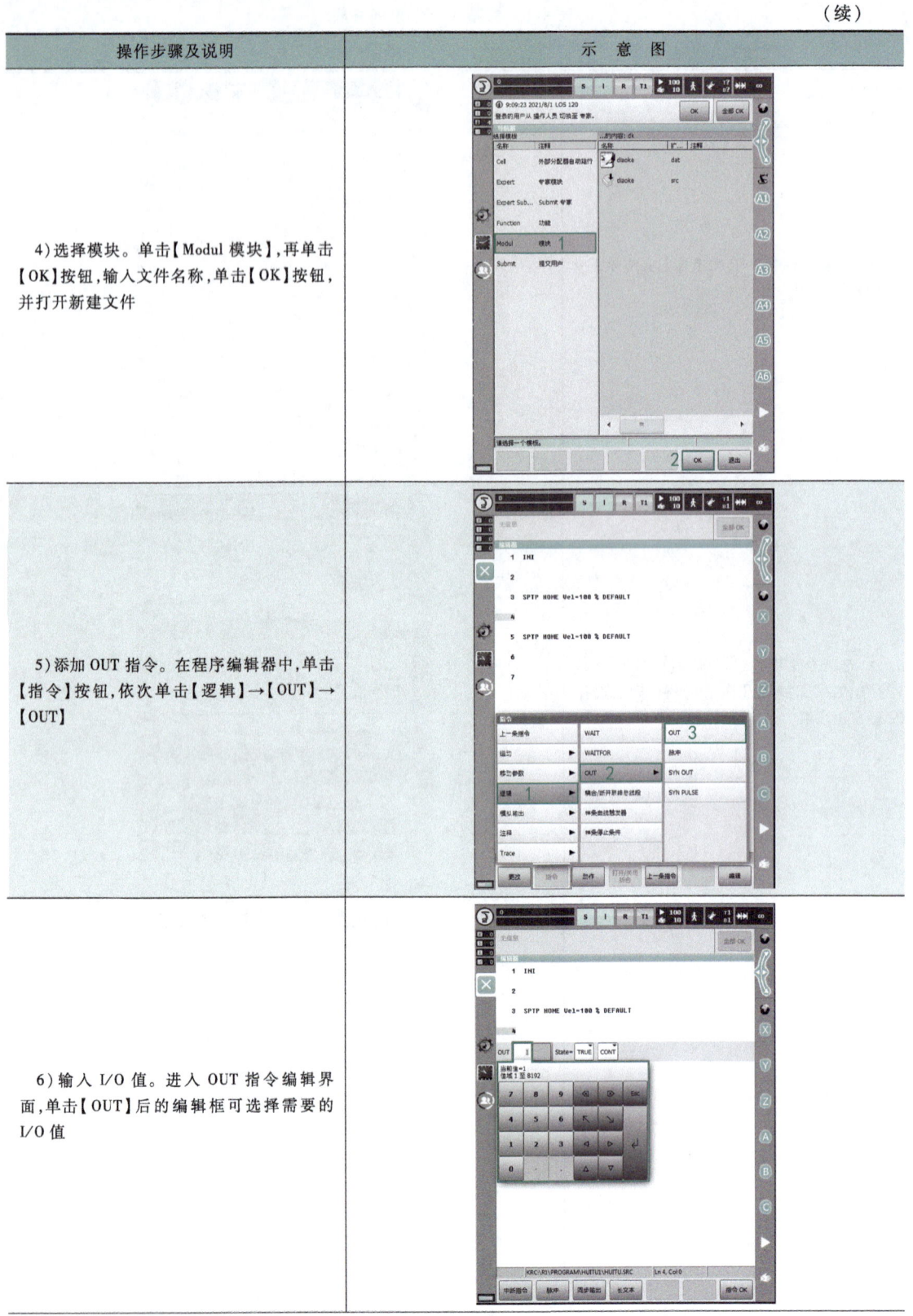

(续)

操作步骤及说明	示 意 图
4)选择模块。单击【Modul 模块】,再单击【OK】按钮,输入文件名称,单击【OK】按钮,并打开新建文件	
5)添加 OUT 指令。在程序编辑器中,单击【指令】按钮,依次单击【逻辑】→【OUT】→【OUT】	
6)输入 I/O 值。进入 OUT 指令编辑界面,单击【OUT】后的编辑框可选择需要的 I/O 值	

（续）

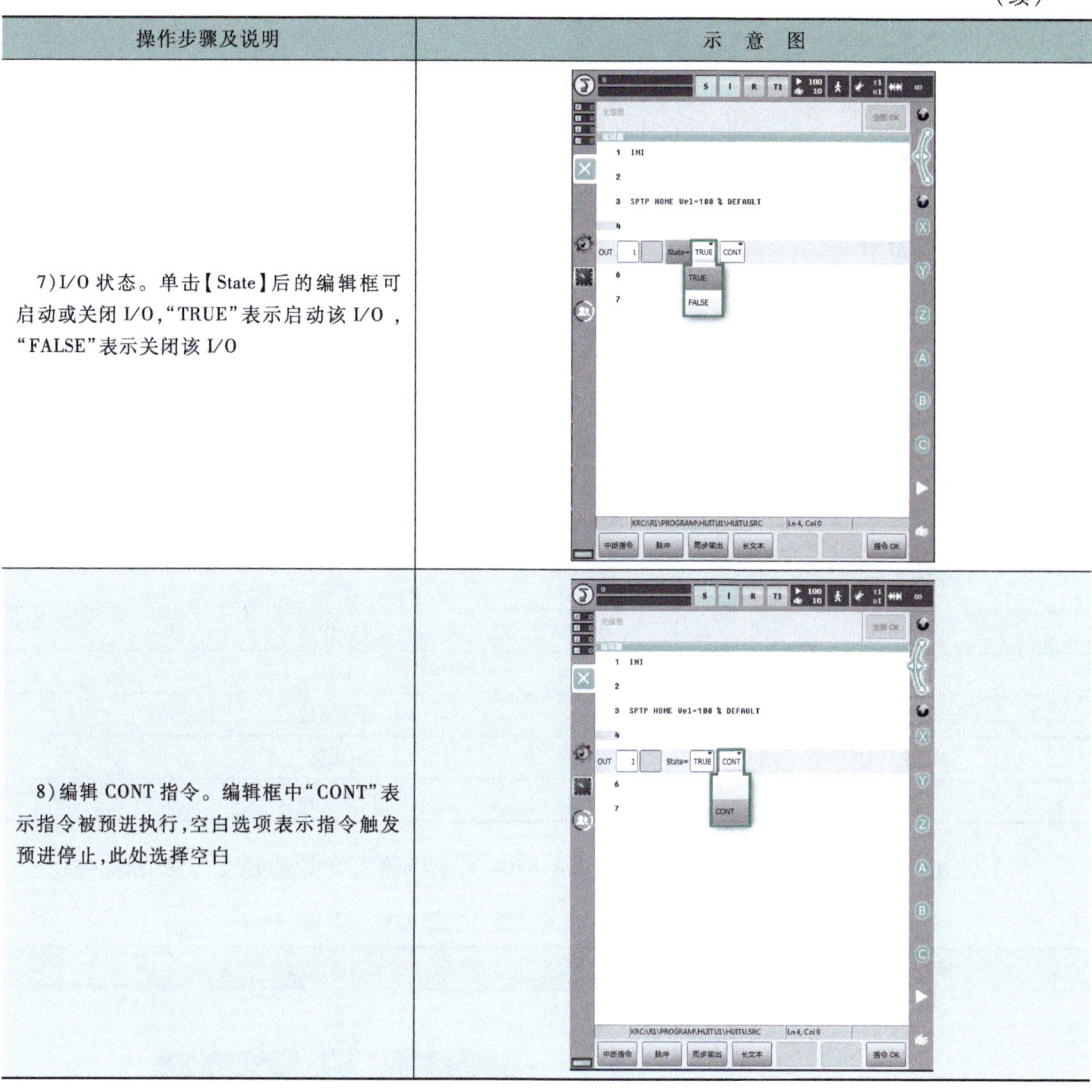

操作步骤及说明	示　意　图
7）I/O 状态。单击【State】后的编辑框可启动或关闭 I/O，"TRUE"表示启动该 I/O，"FALSE"表示关闭该 I/O	
8）编辑 CONT 指令。编辑框中"CONT"表示指令被预进执行,空白选项表示指令触发预进停止,此处选择空白	

2. 工业机器人的变量类型及建立方法

（1）工业机器人的变量　在 KRL 语言编程中，变量分为局部变量和全局变量。全局变量建立在系统文件中，适用于所有程序。局部变量建立在子程序中，仅适用于相应的子程序。工业机器人的变量见表 4-2。

表 4-2　工业机器人的变量

机器人变量	说　　明
$ACC	旋转和转动加速度 可理解为轨迹加速度的百分比
$ADVANCE	预读量 可理解为提前读取程序至第几行,范围为 0~5
$ALARM_STOP	急停（KCP）
$ANIN[n]	模拟输入

(续)

机器人变量	说　明
$ANOUT[n]	模拟输出
$AUT	自动
$AXIS_ACT	当前位置（轴）
$BASE	基坐标
$EXT	外部自动
$EXT_START	外部启动
$I_O_ACT I/O	接口激活
$IN_HOME	机器人在 HOME 状态
$MODE_OP	当前模式
$MOVE_ENABLE	允许运行
$POS_ACT	当前位置
$STOPMESS	停止报警
$T1	手动
$T2	手动（快速）
$TOOL	工具
$VEL_ACT	当前速度
$VEL_AXIS[n]	轴速度
$WORLD	世界坐标

（2）工业机器人变量的建立方法　KUKA-KR4 工业机器人变量的建立方法见表 4-3。

表 4-3　KUKA-KR4 工业机器人变量的建立方法

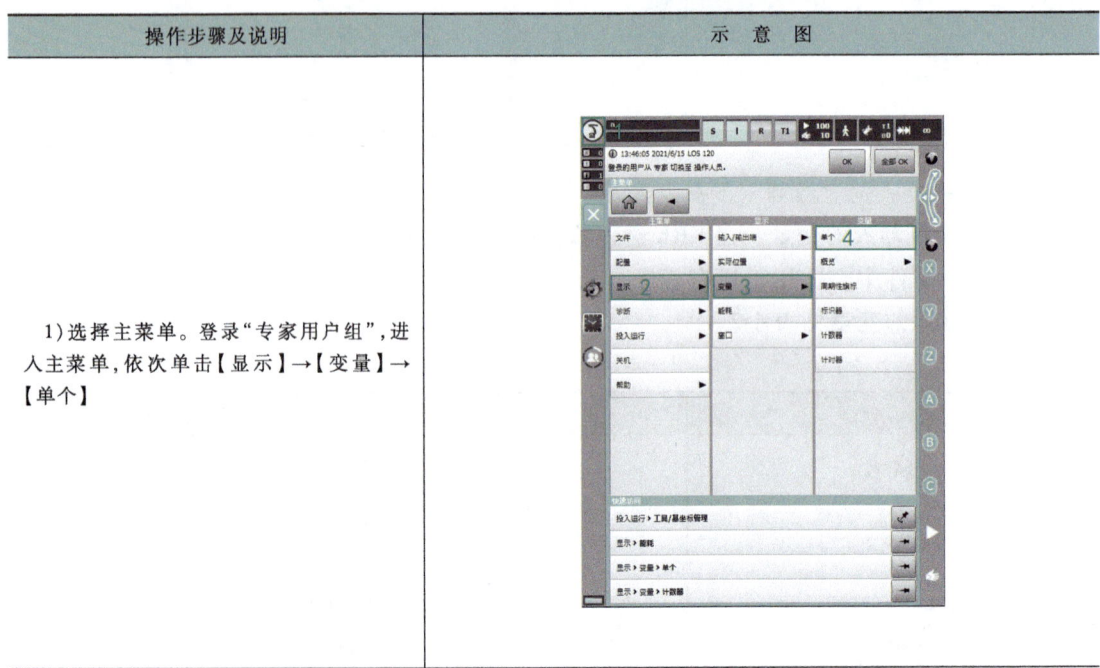

操作步骤及说明	示　意　图
1）选择主菜单。登录"专家用户组"，进入主菜单，依次单击【显示】→【变量】→【单个】	

（续）

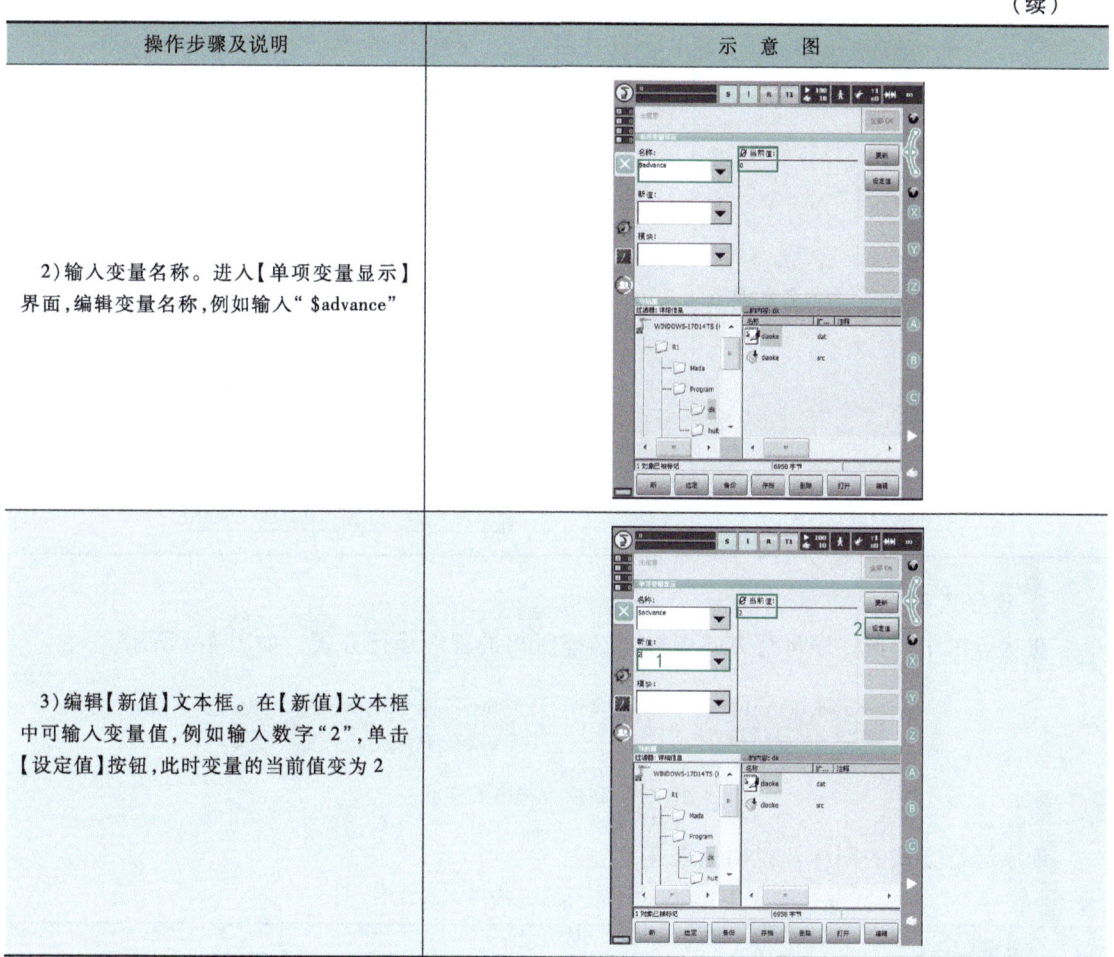

操作步骤及说明	示意图
2）输入变量名称。进入【单项变量显示】界面，编辑变量名称，例如输入"$advance"	
3）编辑【新值】文本框。在【新值】文本框中可输入变量值，例如输入数字"2"，单击【设定值】按钮，此时变量的当前值变为2	

3. 程序的备份方法

程序的备份方法见表4-4。

表4-4　程序的备份方法

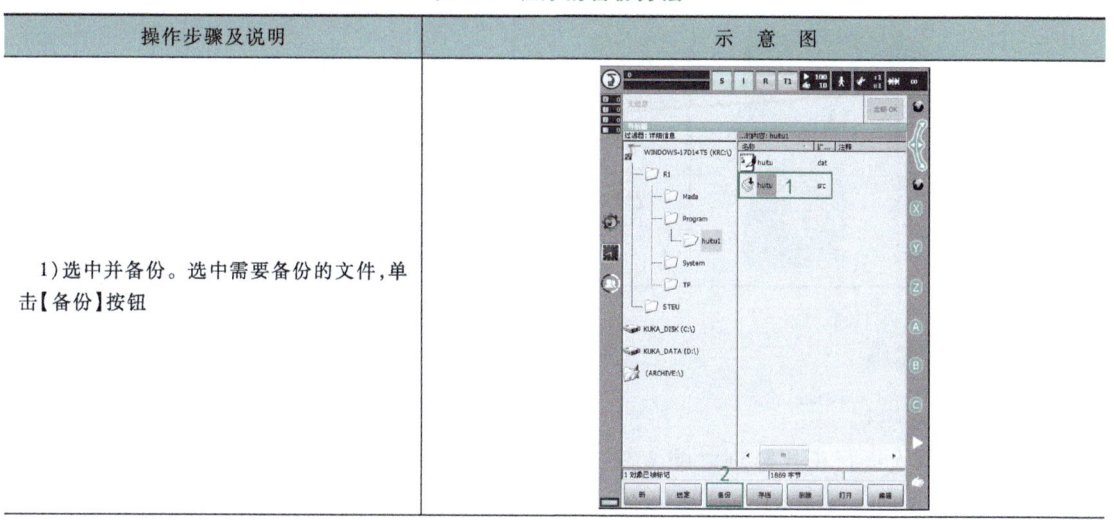

操作步骤及说明	示意图
1）选中并备份。选中需要备份的文件，单击【备份】按钮	

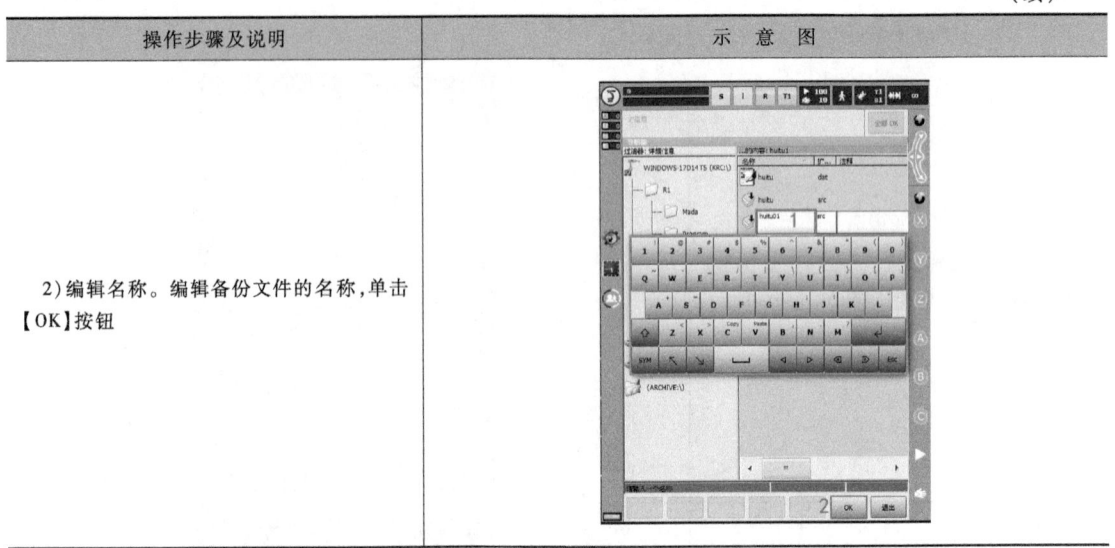

(续)

操作步骤及说明	示 意 图
2）编辑名称。编辑备份文件的名称，单击【OK】按钮	

4. 程序运行方式

在状态栏中单击程序运行方式图标，选择所需的程序运行方式，如图4-4所示。

图4-4 程序运行方式图标

程序运行方式的图标及说明见表4-5。

表4-5 程序运行方式的图标及说明

名称	图标	说 明
Go		程序继续运行，直至程序结尾；在测试运行中，必须按住启动键
运动		在不尽相同的运行方式下，每个运动指令都单个执行；每一个运动结束后，都必须重新按下启动键
单个步骤		仅供专家组用户使用；在增量步进时，逐行执行；每行执行后，都必须重新按下启动键

二、任务实施

1. 运动轨迹规划

在工业机器人进行正式雕刻之前，需要规划好雕刻的路径。如图4-3所示，示教点依次为（1）、（2）、（3）、…、（13），其中点（1）在点（2）的正上方约50mm处。

2. 手动安装激光笔工具

手动安装激光笔工具的操作步骤见表 4-6。

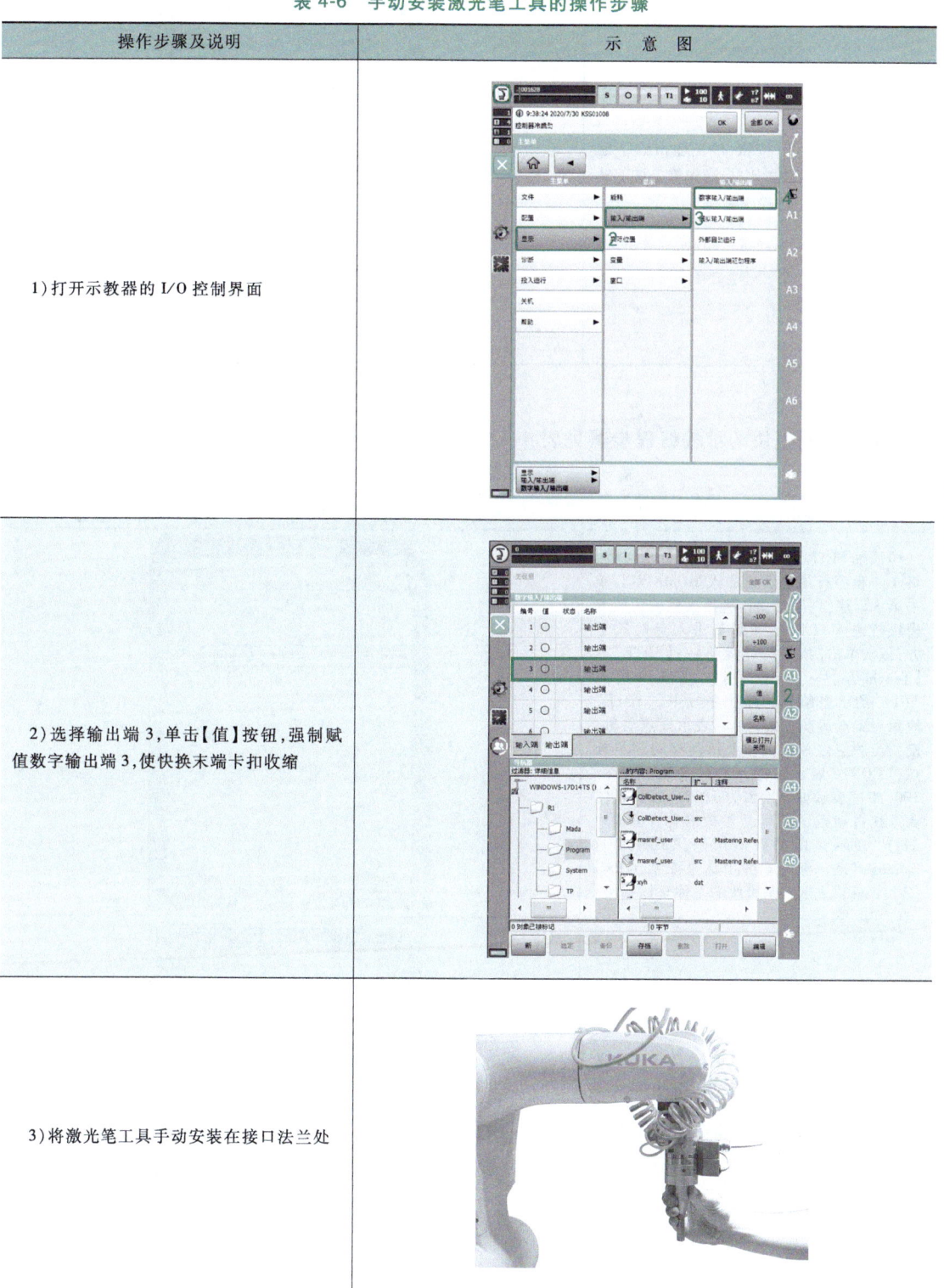

表 4-6　手动安装激光笔工具的操作步骤

操作步骤及说明	示　意　图
1) 打开示教器的 I/O 控制界面	
2) 选择输出端 3，单击【值】按钮，强制赋值数字输出端 3，使快换末端卡扣收缩	
3) 将激光笔工具手动安装在接口法兰处	

（续）

操作步骤及说明	示意图
4）再次单击【值】按钮，停止输出数字输出端3，快换末端卡扣伸出，激光笔工具手动安装完成，可以进行程序编制	

3. 示教编程

激光雕刻模块的示教编程步骤见表4-7。

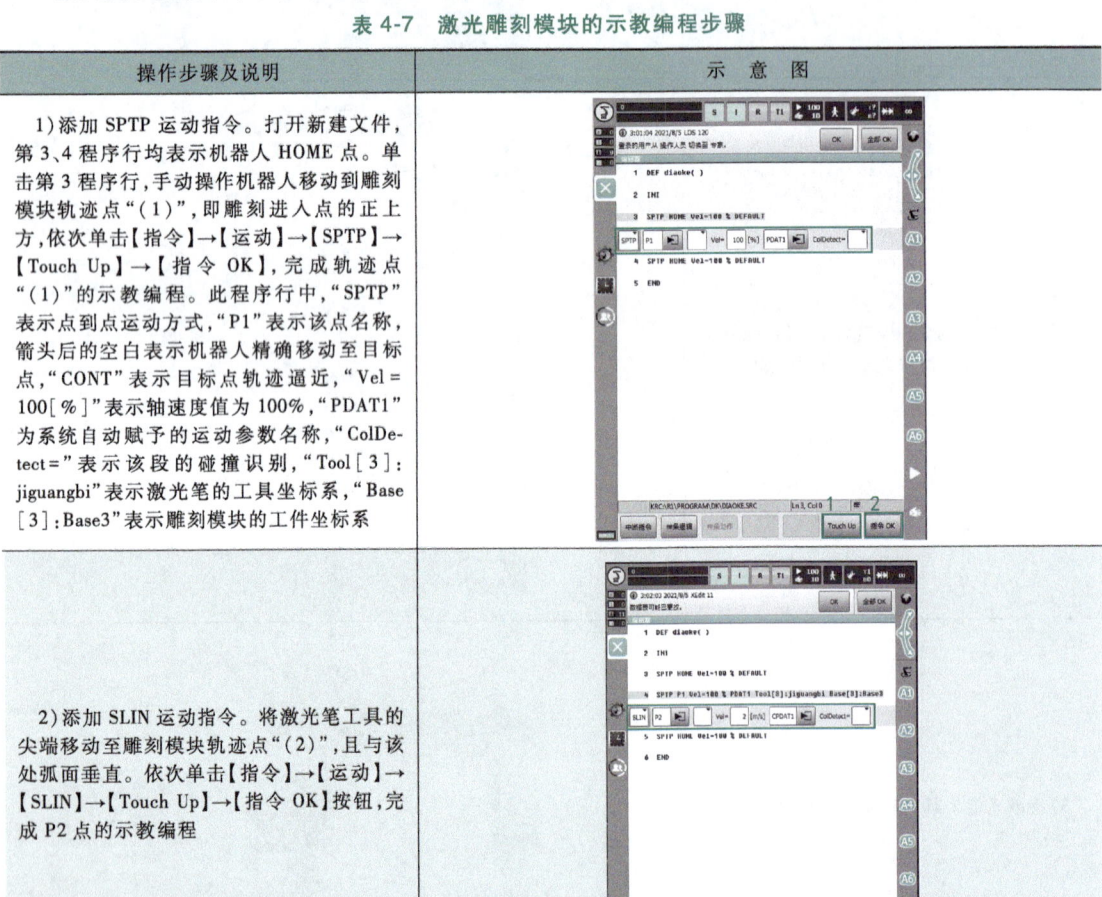

表4-7 激光雕刻模块的示教编程步骤

操作步骤及说明	示意图
1）添加SPTP运动指令。打开新建文件，第3、4程序行均表示机器人HOME点。单击第3程序行，手动操作机器人移动到雕刻模块轨迹点"（1）"，即雕刻进入点的正上方，依次单击【指令】→【运动】→【SPTP】→【Touch Up】→【指令OK】，完成轨迹点"（1）"的示教编程。此程序行中，"SPTP"表示点到点运动方式，"P1"表示该点名称，箭头后的空白表示机器人精确移动至目标点，"CONT"表示目标点轨迹逼近，"Vel=100[%]"表示轴速度值为100%，"PDAT1"为系统自动赋予的运动参数名称，"ColDetect="表示该段的碰撞识别，"Tool[3]: jiguangbi"表示激光笔的工具坐标系，"Base[3]:Base3"表示雕刻模块的工件坐标系	
2）添加SLIN运动指令。将激光笔工具的尖端移动至雕刻模块轨迹点"（2）"，且与该处弧面垂直。依次单击【指令】→【运动】→【SLIN】→【Touch Up】→【指令OK】按钮，完成P2点的示教编程	

（续）

操作步骤及说明	示　意　图
3）添加 OUT 逻辑指令。依次单击【指令】→【逻辑】→【OUT】→【OUT】→【指令 OK】按钮，完成 OUT 逻辑指令的添加。该程序行中，"OUT 6"表示控制激光笔打开或关闭的 I/O 口；"State=TRUE"表示激光笔开始工作，"State=FALSE"表示激光笔结束工作	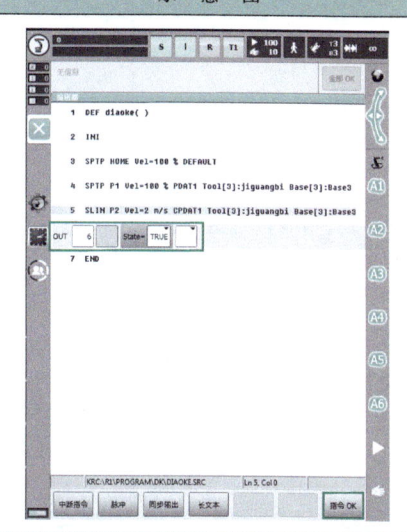
4）添加 SCIRC 运动指令。将激光笔工具的尖端移动至雕刻模块轨迹点"(7)"，且与该处弧面垂直。依次单击【指令】→【运动】→【SCIRC】→【Touchup 辅助点】按钮，再将激光笔工具的尖端移动至雕刻模块轨迹点"(3)"，且与该处弧面垂直。单击【修整 Touchup】按钮，最后单击【指令 OK】按钮，完成 P3、P4 点的示教编程。此程序行中，"SCIRC"表示圆弧运动方式，P3、P4 表示该点名称	
5）添加 SLIN 运动指令。将激光笔工具的尖端移动至雕刻模块轨迹点"(4)"，且与该处弧面垂直。依次单击【指令】→【运动】→【SLIN】→【Touch Up】→【指令 OK】按钮，完成 P5 点的示教编程	

（续）

操作步骤及说明	示意图
6）添加 SCIRC 运动指令。将激光笔工具的尖端移动至雕刻模块轨迹点"(5)"，且与该处弧面垂直。依次单击【指令】→【运动】→【SCIRC】→【Touchup 辅助点】按钮，再将激光笔工具的尖端移动至雕刻模块轨迹点"(6)"，且与该处弧面垂直。单击【修整 Touchup】按钮，最后单击【指令 OK】按钮，完成 P6、P7 点的示教编程	
7）添加 SLIN 运动指令。将激光笔工具的尖端移动至雕刻模块轨迹点"(7)"，且与该处弧面垂直。依次单击【指令】→【运动】→【SLIN】→【Touch Up】→【指令 OK】按钮，完成 P8 点的示教编程	
8）添加 SLIN 运动指令。将激光笔工具的尖端移动至雕刻模块轨迹点"(6)"，且与该处弧面垂直。依次单击【指令】→【运动】→【SLIN】→【Touch Up】→【指令 OK】按钮，完成 P9 点的示教编程	

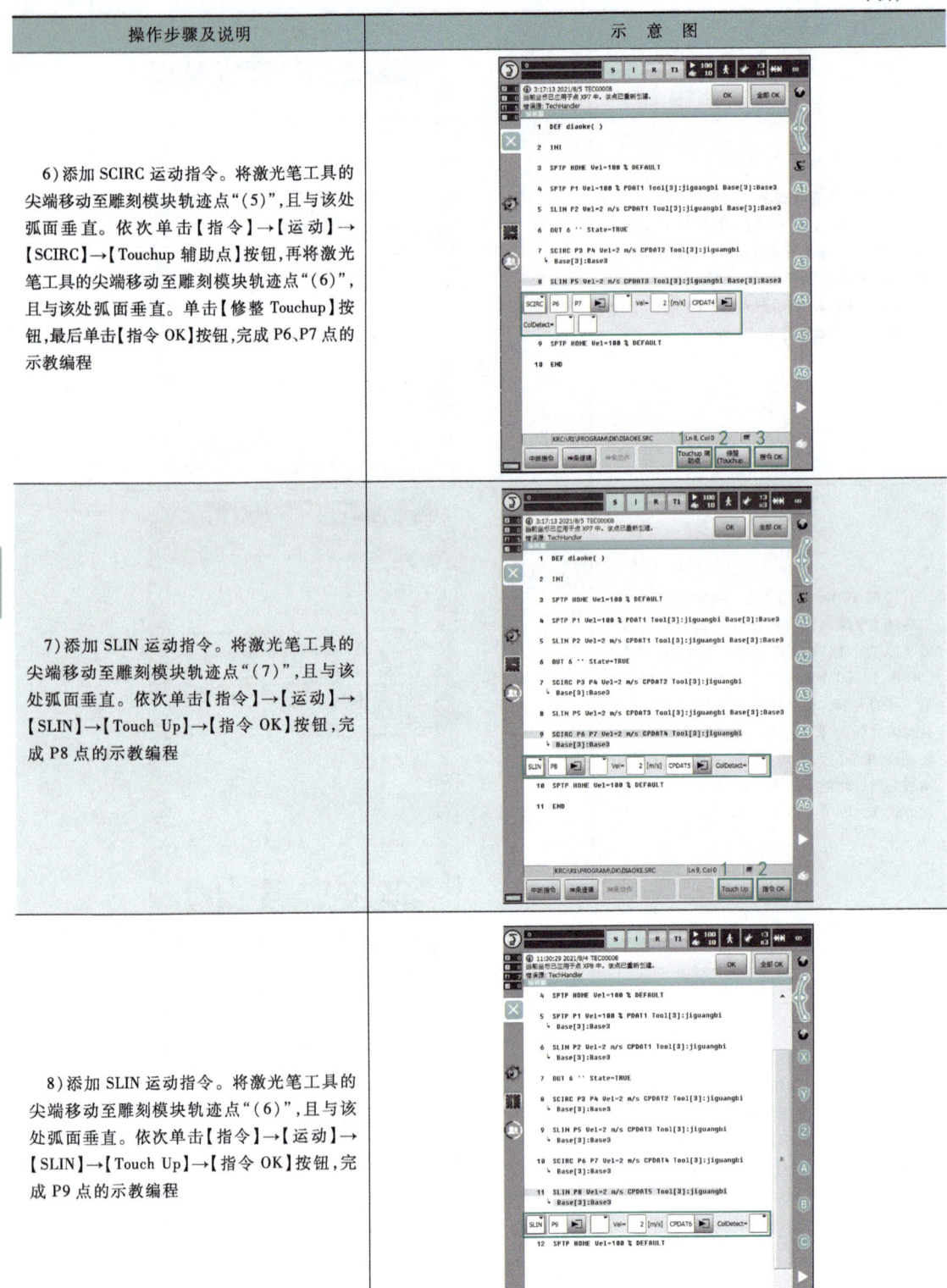

项目四 工业机器人激光雕刻应用编程

（续）

操作步骤及说明	示 意 图
9）添加 SCIRC 运动指令。将激光笔工具的尖端移动至雕刻模块轨迹点"（8）"，且与该处弧面垂直。依次单击【指令】→【运动】→【SCIRC】→【Touchup 辅助点】按钮，再将激光笔工具的尖端移动至雕刻模块轨迹点"（9）"，且与该处弧面垂直。单击【修整 Touchup】按钮，最后单击【指令 OK】按钮，完成 P10、P11 点的示教编程	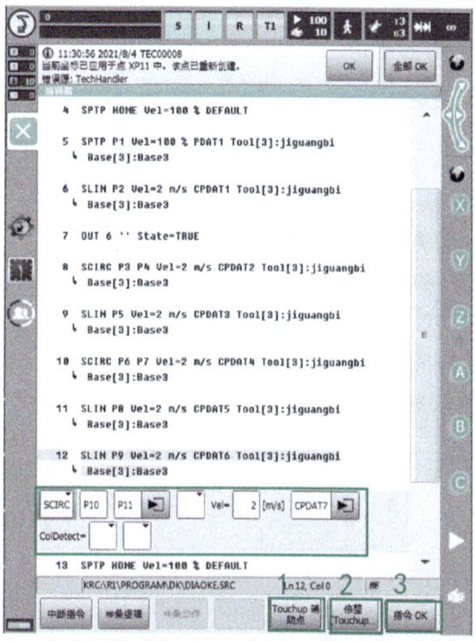
10）添加 SLIN 运动指令。将激光笔工具的尖端移动至雕刻模块轨迹点"（2）"，且与该处弧面垂直。依次单击【指令】→【运动】→【SLIN】→【Touch Up】→【指令 OK】按钮，完成 P12 点的示教编程	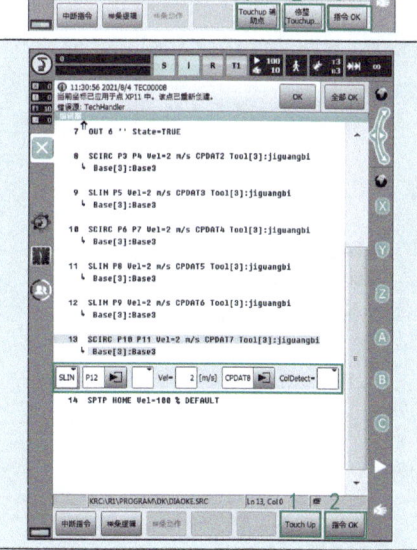
11）添加 OUT 逻辑指令。依次单击【指令】→【逻辑】→【OUT】→【OUT】→【FALSE】→【指令 OK】按钮，完成 OUT 逻辑指令的添加。该程序行中，"OUT 6"表示控制激光笔打开或关闭的 I/O 口，"State = TRUE"表示激光笔开始工作，"State = FALSE"表示激光笔结束工作，空白框表示指令触发预进停止，"CONT"表示指令被预进指针执行	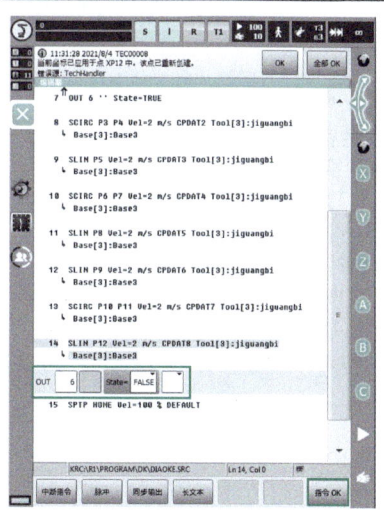

(续)

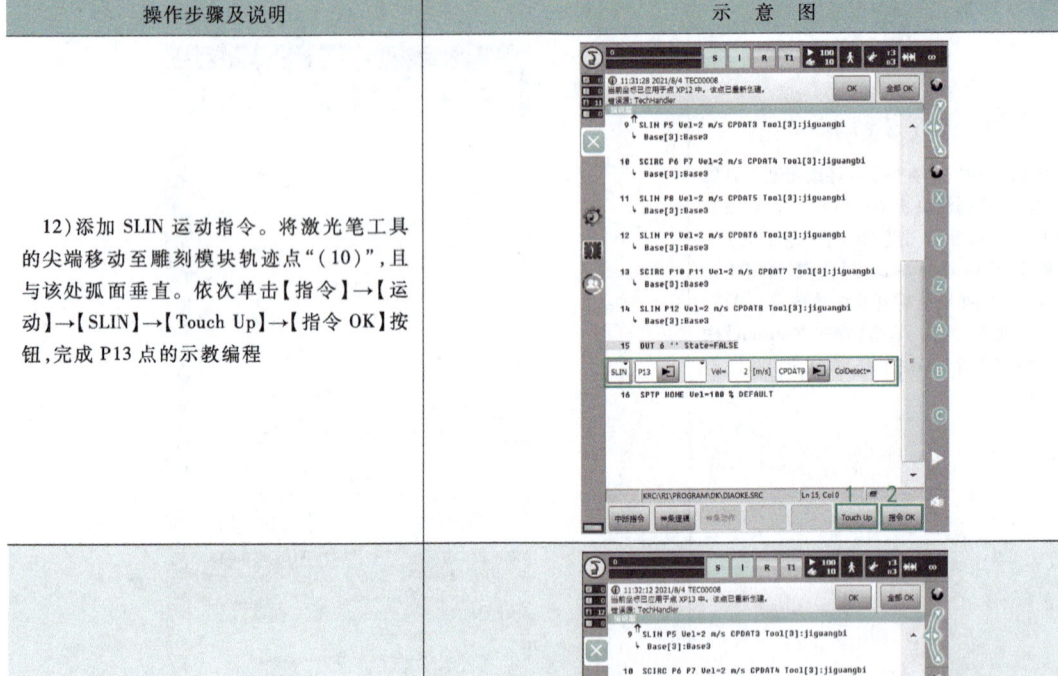

操作步骤及说明	示意图
12）添加 SLIN 运动指令。将激光笔工具的尖端移动至雕刻模块轨迹点"（10）"，且与该处弧面垂直。依次单击【指令】→【运动】→【SLIN】→【Touch Up】→【指令 OK】按钮，完成 P13 点的示教编程	
13）添加 OUT 逻辑指令。依次单击【指令】→【逻辑】→【OUT】→【OUT】→【TRUE】→【指令 OK】按钮，完成 OUT 逻辑指令的添加	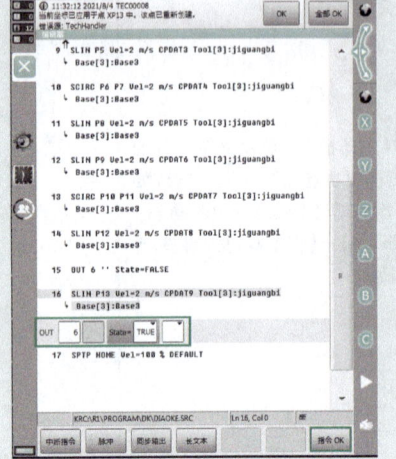
14）添加 SCIRC 运动指令。将激光笔工具的尖端移动至雕刻模块轨迹点"（10）"与"（11）"的中点，且与该中点处弧面垂直。依次单击【指令】→【运动】→【SCIRC】→【Touchup 辅助点】按钮，再将激光笔工具的尖端移动至雕刻模块轨迹点"（11）"，且与该处弧面垂直。单击【修整 Touchup】按钮，最后单击【指令 OK】按钮，完成 P14、P15 点的示教编程	

(续)

操作步骤及说明	示意图
15）添加 SCIRC 运动指令。将激光笔工具的尖端移动至雕刻模块轨迹点"（11）"与"（12）"的中点，且与该中点处弧面垂直。依次单击【指令】→【运动】→【SCIRC】→【Touchup 辅助点】按钮，再将激光笔工具的尖端移动至雕刻模块轨迹点"（12）"，且与该处弧面垂直。单击【修整 Touchup】按钮，最后单击【指令 OK】按钮，完成 P16、P17 点的示教编程	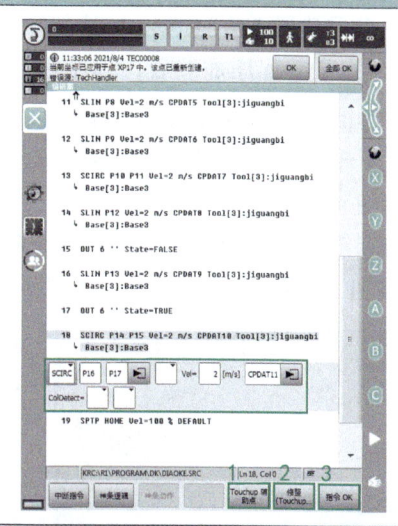
16）添加 SCIRC 运动指令。将激光笔工具的尖端移动至雕刻模块轨迹点"（12）"与"（13）"的中点，且与该中点处弧面垂直。依次单击【指令】→【运动】→【SCIRC】→【Touchup 辅助点】按钮，再将激光笔工具的尖端移动至雕刻模块轨迹点"（13）"，且与该处弧面垂直。单击【修整 Touchup】按钮，最后单击【指令 OK】按钮，完成 P18、P19 点的示教编程	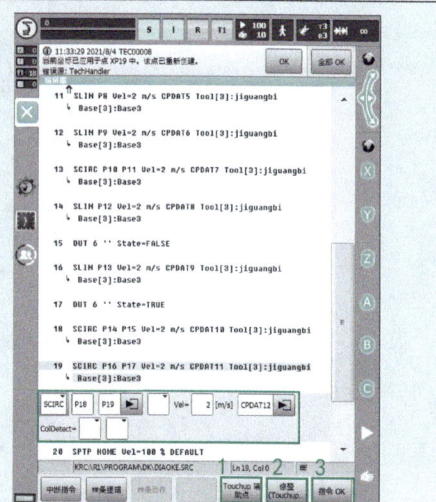
17）添加 OUT 逻辑指令。依次单击【指令】→【逻辑】→【OUT】→【OUT】→【FALSE】→【指令 OK】按钮，完成 OUT 逻辑指令的添加。该程序行中，"OUT 6"表示控制激光笔打开或关闭的 I/O 口，"State = TRUE"表示激光笔开始工作，"State = FALSE"表示激光笔结束工作，空白框表示指令触发预进停止，"CONT"表示指令被预进指针执行	

4. 程序调试与运行

1）加载程序。编程完成后，保存的程序必须加载到内存中才能运行，选择"diaoke"程序文件，单击示教器下方【选定】按钮，完成程序的加载，如图 4-5 所示。

2）试运行程序。程序加载后，程序执行的蓝色指示箭头位于初始行。使示教器白色确认开关保持在中间档，按住示教器左侧绿色三角形正向运行键 ▶ 或示教器背后绿色启动键，状态栏"R"和程序内部运行状态文字说明为绿色，则表示程序开始试运行，蓝色指示箭头依次下移，如图 4-6 所示。

当蓝色指示箭头移至第 4 行 SPTP 命令行时，弹出"BCO"提示信息，单击【OK】或【全部 OK】按钮，继续试运行程序，如图 4-7 所示。

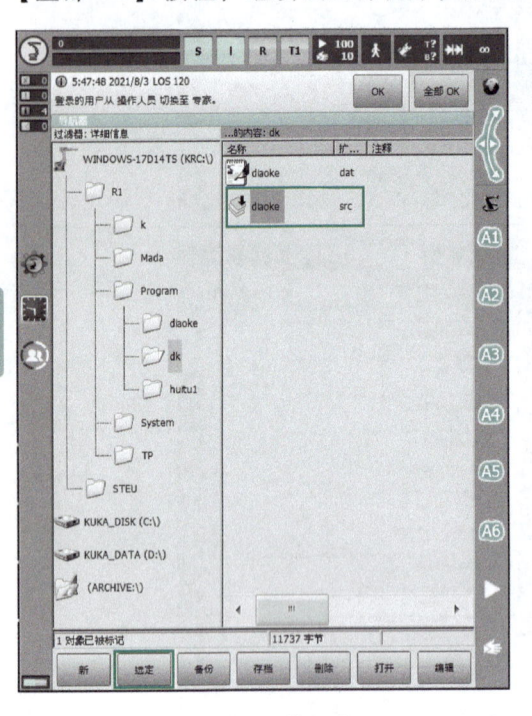

图 4-6　程序开始试运行

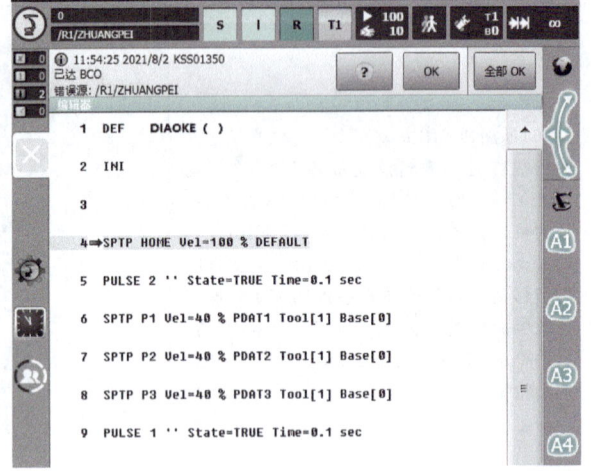

图 4-5　加载程序

图 4-7　"BCO"提示信息

3）自动运行程序。经过试运行确保程序无误后，方可自动运行程序，自动运行程序的操作步骤如下：

① 加载程序。

② 手动操作程序，直至程序提示"BCO"信息。

③ 利用连接管理器切换运行方式。运动方式选择开关转动到"锁紧"位置，弹出运行模式窗口，选择"AUT"（自动运行）模式，再将运动方式选择开关转动到"开锁"位置，此时示教器顶端的状态栏中"T1"改为"AUT"。

④ 为安全起见，降低机器人自动运行速度，在第一次运行程序时，建议将程序调节量设定为 10%。

⑤ 单击示教器左侧蓝色三角形正向运行键，程序自动运行，机器人自动完成激光雕刻任务。

知识拓展

一、工业机器人雕刻示例

机器人雕刻运动分为三个模块，详细规划如图4-8所示。

1）规划模块：根据雕刻的任务要求生成相应的运动轨迹。

2）控制模块：控制机器人运行速度，调整雕刻时切削力的大小。

3）执行模块：输出机器人实际雕刻时的运动轨迹和雕刻力。

KUKA、ABB等机器人公司都生产用于石材制品加工的工业机器人，可以对大理石、花岗岩进行雕刻和搬运等操作。用于石材雕刻加工的机器人的结构型式以关节式为主，自由度为5或6个。这些公司生产的石材制品加工机器人是以高载荷机器人为主体，末端执行器为与加工中心相同的电主轴，再配以用于石材加工的切削刀具，这样便可以实现像加工中心一样的切削、换刀等功能，如图4-9所示。将工业机器人转化为一台类似于五/六轴联动的加工中心，同时保持其原有的灵活性，结合加工轨迹的生成和机器人轨迹规划程序，生成用于机器人的数控程序，可以完成加工中心不能完成的切削加工。

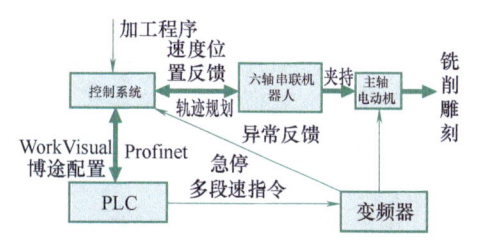

图4-8 雕刻运动模块规划

人工雕刻家具十分耗时，且对工匠技术水平要求高，雕刻机器人的出现大大提高了雕刻效率。瑞典林雪平大学（Linköping University）的Andersson等在ABB IRB2400六轴机器人末端安装ATI gamma力/力矩传感器和雕刻刀头，并设计了一种刀头控制算法。这种算法以100Hz频率从传感器获取X、Y、Z轴方向上的力，用于控制切削速度和倾角，通过调整刀具的前倾角来获得标称力，从而控制切削深度，获得最佳表面质量，雕刻速度可达7.5mm/s。

图4-9 雕刻机器人

青岛理工大学机械学院孔凡斌等设计了一种可以加工复杂曲面的6R雕刻机器人。机器人采用面铣刀，运用泰勒和坐标变换的方法计算出切削点、刀具方向以及末端执行器逆运动变换，完成NURBS曲面刀路轨迹的规划。刀具以恒定速度进行切削，保证了加工质量和效率。

北京建筑大学郑娇设计了机器人辅助数控精密木雕加工系统，在数控雕刻加工系统的基础上加入MOTOMAN-MH50型机器人，利用机器人可以灵活变换角度的特点，完成了复杂结构的雕刻工艺。该系统通过3D扫描仪进行图像采集，经计算机处理后生成工件模型，自动获取数控代码和刀具路径，分别控制机床和机器人进行加工。木雕加工系统各个工序之间联系紧密，提高了雕刻的生产率，可实现平面浮雕、镂空雕刻等多种雕刻功能。

二、雕刻过程中的切削力

切削力是研究雕刻加工过程中一个很重要的物理信息。切削力会随着末端铣刀切削时转速、进给速度和切削深度的改变而改变。雕刻过程中切削力的大小直接影响到工件的尺寸精度、表面粗糙度以及刀具寿命，因此，需要对机器人雕刻过程中的切削力进行建模。

雕刻加工过程中切削力模型的建立有助于工作人员对雕刻工件的受力情况进行实时预测，以及为研究其他物理信息提供理论基础。而加工过程中切削力的大小受刀具参数、材料参数及雕刻加工前设置的加工参数等影响，其建模难度大，故需要对雕刻过程中切削力模型进行简化。

切削的本质是工件在末端铣刀的挤压作用下产生了形变。在这个形变的过程中，切削力的作用使多余切屑发生了脱落。此时，切削力主要来源于工件内部所产生的变形阻力和切削时铣刀切削刃与切屑之间所产生的摩擦阻力。在机器人雕刻正交切削过程中，如图4-10所示，将形变的区域按照塑性变形特性划分为三个区域：剪切滑移变形区、纤维化变形区、纤维化与加工硬化变形区。

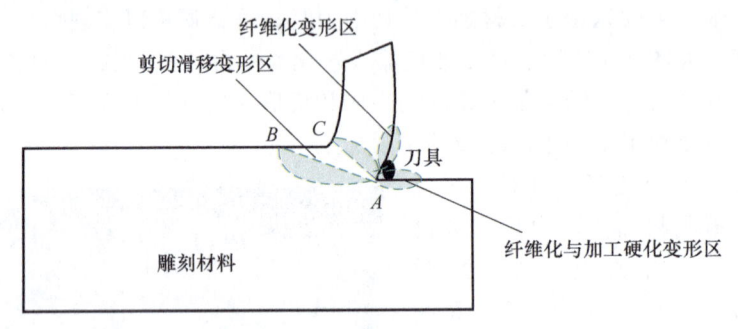

图 4-10 正交切削模型

1）剪切滑移变形区：材料由弹性变形转为塑性变形，即由 AB 到 AC 的这一段区域，用 AB 线来表示初始滑移线，该区域宽度为 $0.02 \sim 0.2$mm。随着末端铣刀对工件进行切削，受刀具挤压作用，工件从 AB 线处开始产生应力应变，当到达 AC 线处应力应变达到最大值，切屑开始从工件上脱落。

2）纤维化变形区：材料与铣刀切削刃紧密接触，近似为一个面。雕刻时的进给速度及刀具参数都会影响到切屑与切削刃之间的摩擦力。该摩擦力的存在使得待脱落的切屑纤维化并在切削刃上滞留。在较短时间里，这些滞留材料的塑性变形会急速增加直至脱离工件。

3）纤维化与加工硬化变形区：该区域是末端铣刀雕刻过后产生的，有摩擦应力的存在。在机器人雕刻过程中，已加工的表面与末端铣刀刀尖产生摩擦力，雕刻时的进给速度越慢，其产生的摩擦力就越大。

以上三个变形的区域都集中在末端铣刀切削刃附近，相互联系，末端铣刀所受切削力的大小由这三个区域受力情况共同影响。

评价反馈

评价反馈见表4-8。

表 4-8　评价反馈

基本素养(30 分)				
序号	评估内容	自评	互评	师评
1	纪律（无迟到、早退、旷课）(10 分)			
2	安全规范操作(10 分)			
3	团结协作能力、沟通能力(10 分)			
理论知识(30 分)				
序号	评估内容	自评	互评	师评
1	工业机器人 I/O 控制指令的内容(10 分)			
2	工业机器人的常用变量(10 分)			
3	工业机器人变量的分类(5 分)			
4	工业机器人的运动方式(5 分)			
技能操作(40 分)				
序号	评估内容	自评	互评	师评
1	正确完成编程前的准备工作(10 分)			
2	按雕刻运动轨迹完成示教编程(10 分)			
3	正确编写机器人 I/O 控制指令(10 分)			
4	程序自动运行验证无误(10 分)			
综合评价				

练习与思考题

一、填空题

1. 在 KRL 语言编程中，变量可划分为_____和_____。

2. _____直接影响到工件的尺寸精度、表面粗糙度以及刀具寿命。

3. _____的建立有助于工作人员对雕刻工件的受力情况进行实时预测，以及为研究其他物理信息提供理论基础。

4. 机器人雕刻运动分为_____个模块。

二、简答题

1. 简述机器人雕刻运动分为哪几个模块，以及每个模块的作用。

2. 用关节式机器人来加工工艺品可以完全克服数控铣床的哪些缺点？

三、编程题

参考雕刻模块进行机器人示教编程，如图 4-3 所示。使机器人从运动轨迹中的（13）点出发，依次经过（12）、（11）、（10）、…、（2）进行雕刻工作。

项目五　工业机器人搬运应用编程

学习目标

1. 掌握机器人逻辑指令的脉冲切换。
2. 掌握使用示教器编制搬运应用程序的方法。

工作任务

一、工作任务背景

工业机器人可在危险、恶劣的环境下替代人工完成危险品、放射性物质和有毒物质等物品的搬运和装卸，替代人工完成重复、繁重、连续的工作，减轻人的劳动负担，改善劳动环境，提高生产率。在工业机器人搬运的过程中，可以对物料进行快速分拣、装卸，对生产节拍具有很强的适应能力。目前，工业机器人搬运在3C、食品、医药、化工、机械加工和太阳能等领域均有广泛的应用，涉及物流输送、周转及仓储等业务。工业机器人搬运在制造行业的应用如图5-1所示，在数控机床上下料中的应用如图5-2所示。

图 5-1　工业机器人搬运在制造行业的应用　　图 5-2　工业机器人搬运在数控机床上下料中的应用

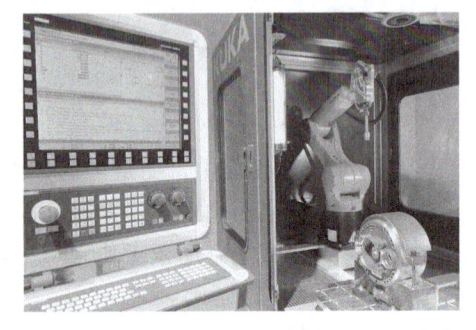

二、所需要的设备

工业机器人搬运系统涉及的主要设备包括：工业机器人应用领域一体化教学创新平台（BNRT-IRAP-KR4）、KUKA-KR4型工业机器人本体、机器人控制器、示教器、电源、气泵、原料仓储模块、旋转供料模块、平口夹爪工具和柔轮组件，如图5-3所示。

三、任务描述

本任务利用 KUKA 机器人将柔轮组件从旋转供料模块搬运到原料仓储模块。需要依次

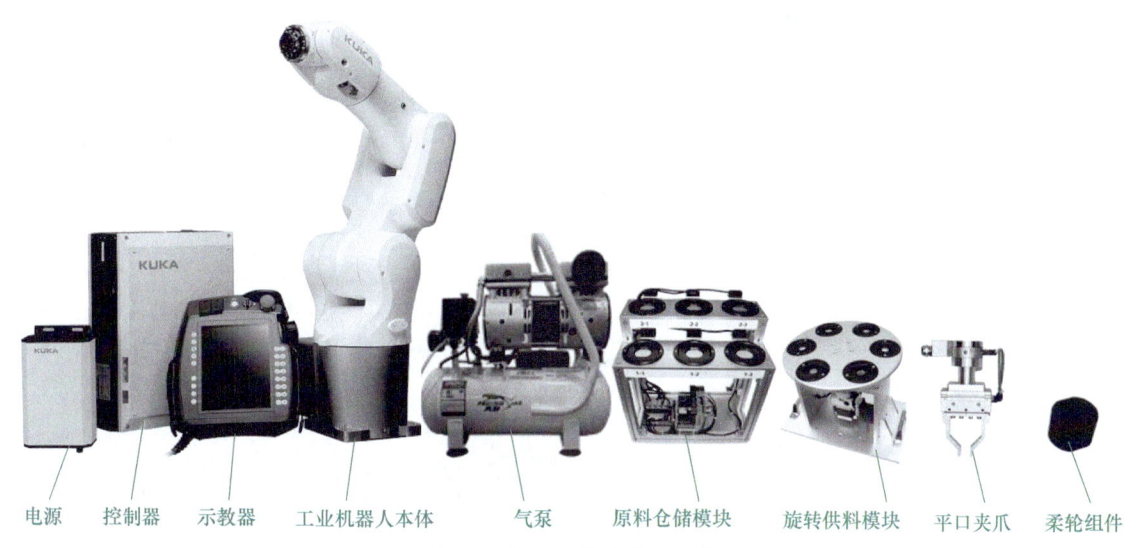

项目五　工业机器人搬运应用编程

电源　控制器　示教器　工业机器人本体　气泵　原料仓储模块　旋转供料模块　平口夹爪　柔轮组件

图 5-3　搬运系统所需的设备

进行程序文件创建、程序编写、目标点示教以及工业机器人程序调试，完成整个搬运工作任务。

将旋转供料模块和原料仓储模块安装在工作台指定位置，在工业机器人末端手动安装平口夹爪工具，按照图 5-4 所示摆放 1 个柔轮组件，创建并正确命名例行程序。利用示教器进行现场操作编程。按下启动按钮后，工业机器人自动从工作原点开始执行搬运任务，将柔轮组件从旋转供料模块搬运到原料仓储模块的库位中，柔轮组件与原料仓储模块库位完全贴合，完成柔轮组件搬运任务后，工业机器人返回工作原点。搬运完成样例如图 5-5 所示。

图 5-4　柔轮组件初始摆放位置 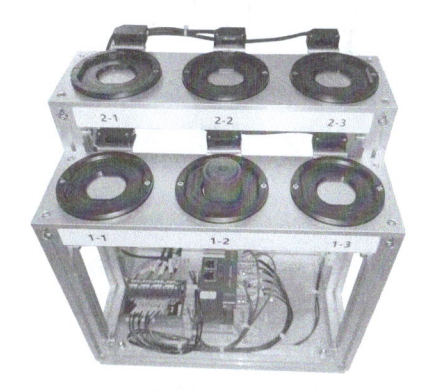　　　　图 5-5　柔轮组件搬运完成位置

实践操作

一、知识储备

1. 创建程序

1）新建文件夹。在专家模式下，单击"R1"文件夹，单击示教器左下角的【新】按钮，新建一个文件夹"banyun"，单击示教器右下角的【OK】按钮，如图 5-6 所示。

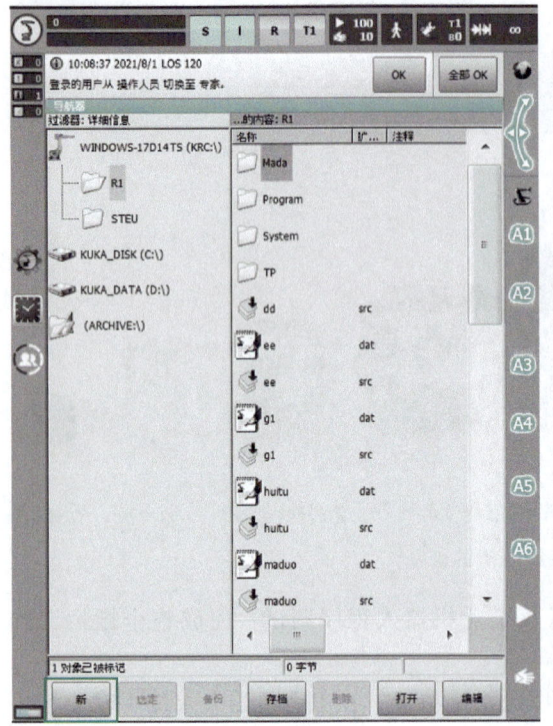

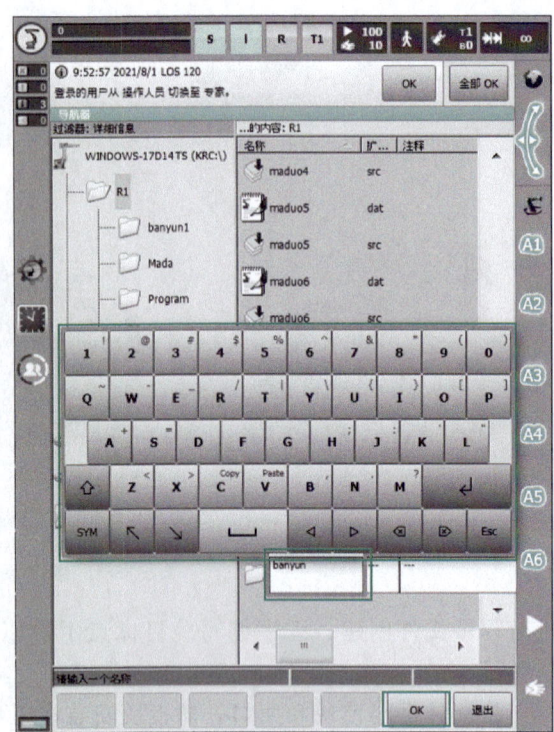

图 5-6 新建文件夹

2）新建文件。选择"banyun"文件夹，单击示教器右下角的【打开】按钮，打开该文件夹。单击示教器左下角的【新】按钮，通过弹出的键盘输入文件名"banyun1"，单击示教器右下角的【OK】按钮，可新建一个文件，如图 5-7 所示。

2. 示教编程

打开新建文件"banyun1"，进入程序编辑器。程序编辑器中有 4 行程序，其中，"INI"为初始化，"END"为程序结束，中间两行为回 HOME 点，如图 5-8 所示。在程序编辑器中选中程序行，手动操作机器人运动到目标点，单击下方的【指令】按钮，选择相应的运动指令插入。

1）插入运动指令。在"banyun1"程序中插入运动指令：在程序编辑器中，单击行号选中程序行，手动操作机器人运动到目标点，依次单击【指令】→【运动】→【SPTP】/【SLIN】/【SCIRC】等，完成相应的运动指令插入，如图 5-9 所示。该程序行表示机器人以相应的运动方式运动到该目标点。

2）插入逻辑指令。在"banyun1"程序中插入逻辑指令：在程序编辑器中，单击行号选中程序行，依次单击【指令】→【逻辑】→【WAIT】/【OUT】/【脉冲】等，完成相应的逻辑指令插入，如图 5-10 所示。

3. 脉冲切换功能

（1）脉冲切换功能介绍

1）设定一个脉冲输出。

2）在此过程中，输出端在特定时间内设置为定义的电平。一般 TRUE 为高电平，FALSE 为低电平，达到设定的时间后，输出端自动复位。

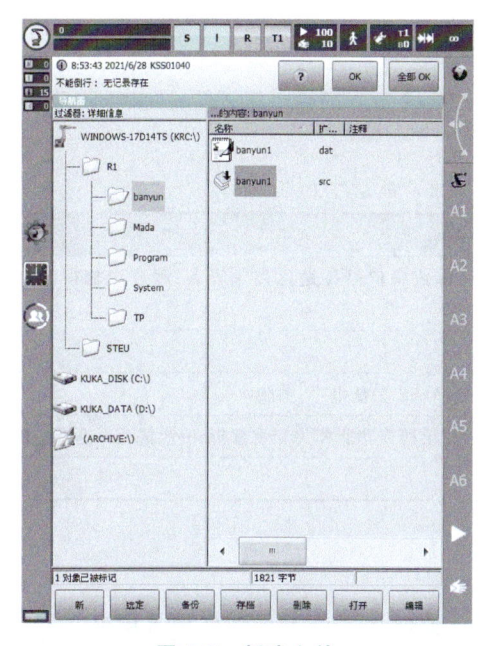

图 5-7 新建文件

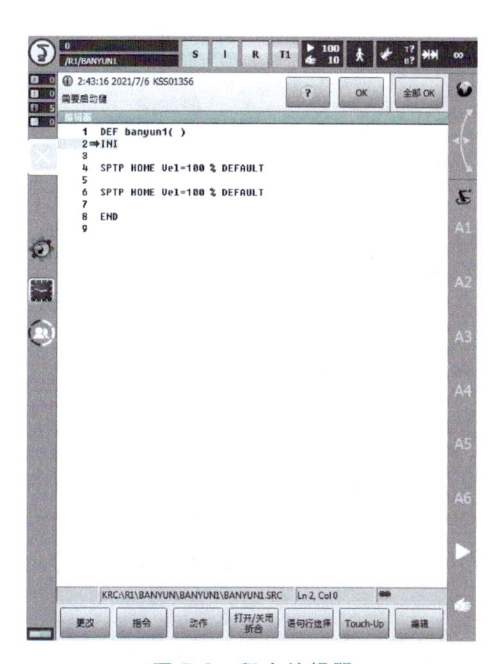

图 5-8 程序编辑器

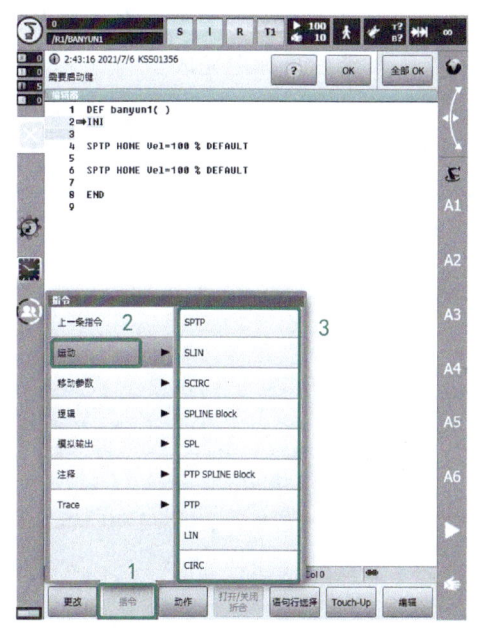

图 5-9 插入运动指令

图 5-10 插入逻辑指令

3) PULSE（脉冲）指令会触发一次预进停止，预进停止的使用与简单切换功能相同。

（2）联机表单创建脉冲切换功能

1) 将光标放到要插入逻辑指令行的前一行。

2) 在示教器中选择【指令】→【逻辑】→【OUT】→【脉冲】。

3) 脉冲切换联机表单参数设置，如 I/O 口、状态（State）和时间（Time）等参数（图 5-11）。脉冲切换联机表单参数说明见表 5-1。

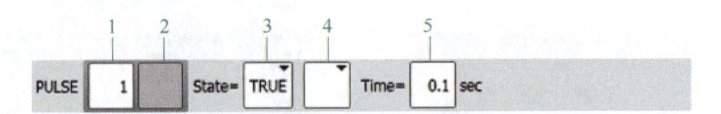

图 5-11 脉冲切换联机表单参数设置

表 5-1 脉冲切换联机表单参数说明（序号所指参见图 5-11）

序号	说　　明
1	I/O 端信号,范围为 1~4096,通过脉冲切换函数可将数字信号传送给外围设备,程序中输出端信号（PULSE）与输出端通道号一致
2	如果信号已有,则名称会显示出来
3	输出端被切换成的状态:①TRUE 为高电平,启动;②FALSE 为低电平,关闭
4	①CONT:同简单切换功能相关参数解析;②空白:同简单切换功能相关参数解析,一般情况下选择空白
5	脉冲长度:0.10~3.00s

4）单击【指令 OK】按钮保存指令。

4. 平口夹爪工具坐标系

将待测工具安装好，用示教器控制平口夹爪工具末端某一尖点与顶针尖点接触，标定此点为工具坐标系的原点，如图 5-12a 所示。然后沿平口夹爪工具作业反方向移动工具，此方向标定为 X 轴正方向，如图 5-12b 所示。再次移动平口夹爪工具到达 XY 平面上的一点，规定从原点到该点方向为 Y 轴正方向，如图 5-12c 所示。工具坐标系标定完成。

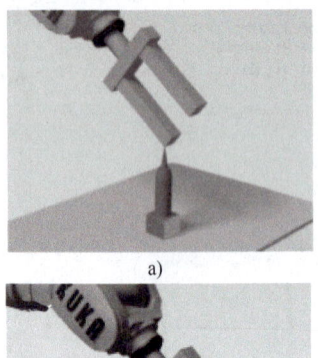

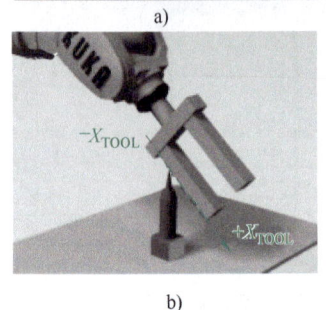

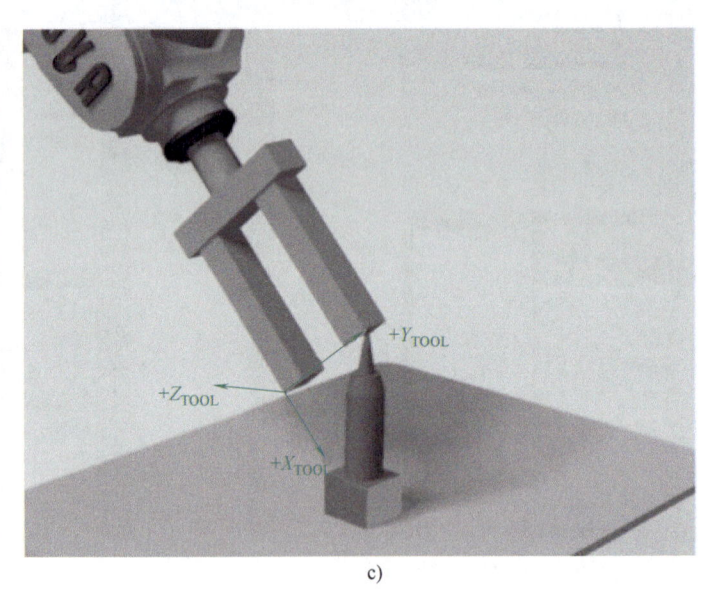

图 5-12 工具坐标系标定

二、任务实施

1. 运动轨迹规划

以搬运柔轮组件为例，工业机器人搬运动作可分解为抓取、移动、放置工件等动作，如图 5-13 所示。

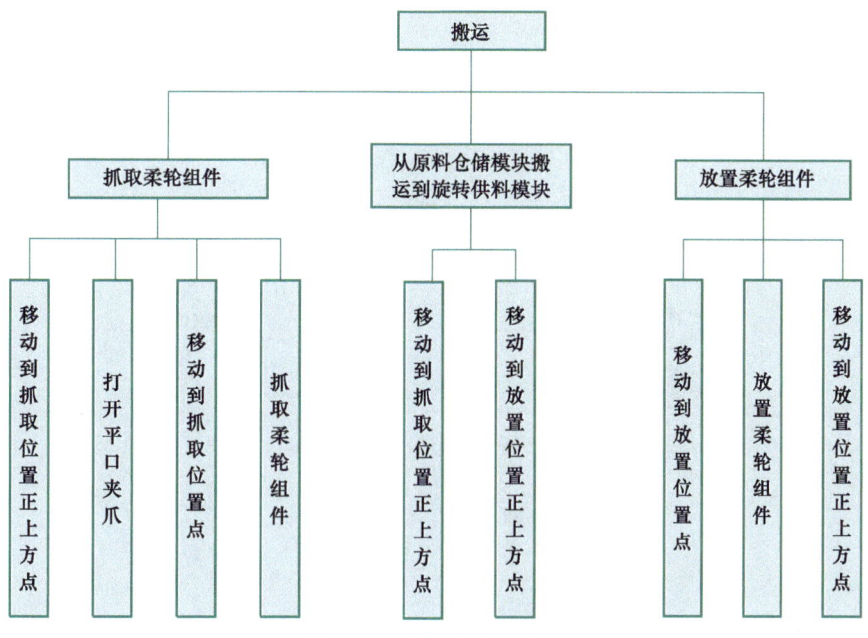

```
                                    搬运
         ┌───────────────────────────┼───────────────────────────┐
    抓取柔轮组件              从原料仓储模块搬              放置柔轮组件
                             运到旋转供料模块
  ┌────┬────┬────┬────┐        ┌────┬────┐            ┌────┬────┬────┐
  移    打   移    抓          移     移            移     放    移
  动    开   动    取          动     动            动     置    动
  到    平   到    柔          到     到            到     柔    到
  抓    口   抓    轮          抓     放            放     轮    放
  取    夹   取    组          取     置            置     组    置
  位    爪   位    件          位     位            位     件    位
  置         置                置     置            置           置
  正         点                正     正            点           正
  上                           上     上                         上
  方                           方     方                         方
  点                           点     点                         点
```

图 5-13 搬运任务示意图

本任务规划 7 个程序点作为柔轮组件搬运点，程序点说明见表 5-2，搬运运动轨迹如图 5-14 所示，最终将柔轮组件从旋转供料模块搬运到原料仓储模块库位中。

表 5-2 程序点说明

程 序 点	符 号	说 明
1	Home	工作原点
2	pick1	抓取工件位置正上方点
3	pick2	抓取工件位置点
4	pick3	抓取工件位置正上方点
5	place1	放置工件位置正上方点
6	place2	放置工件位置点
7	place3	放置工件位置正上方点

2. 手动安装平口夹爪工具

（1）外部 I/O 功能说明（表 5-3）

表 5-3 外部 I/O 功能

I/O	功 能
1	平口夹爪工具夹紧
2	平口夹爪工具松开
3	快换末端卡扣收缩/松开

（2）手动安装平口夹爪工具

1）依次单击示教器【主菜单】→【显示】→【输入/输出端】→【数字输出端】，进入 I/O

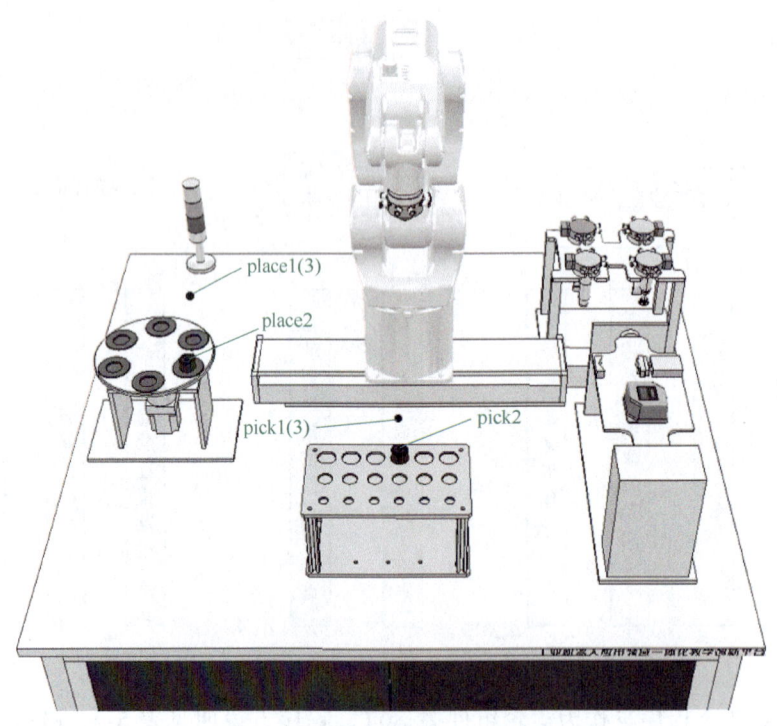

图 5-14 搬运运动轨迹示意图

控制界面,再选中输出端第三行,单击【值】按钮,如图 5-15 所示。

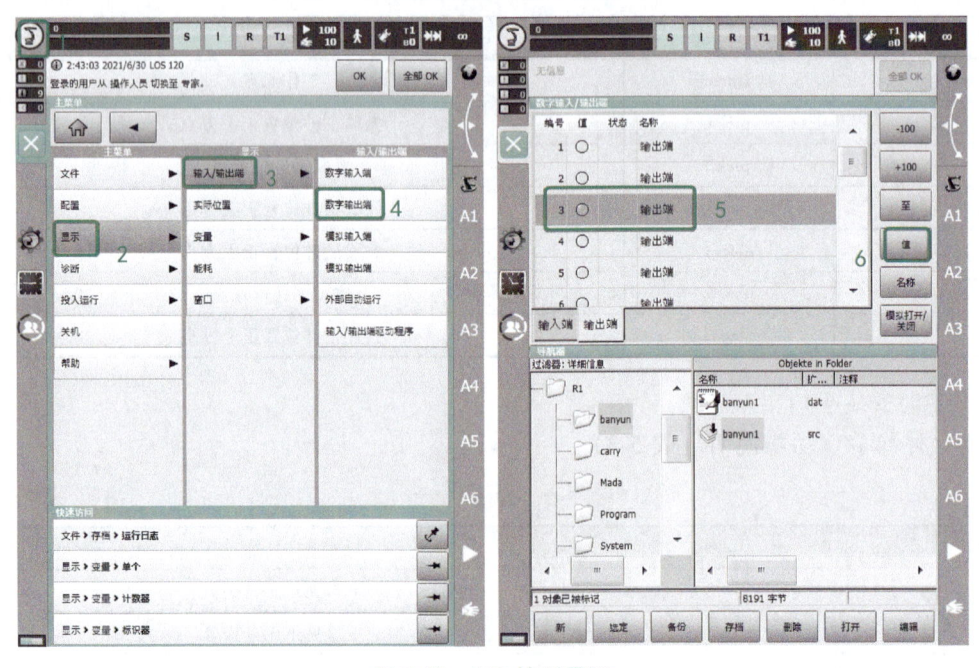

图 5-15 I/O 控制界面

2)单击编号 3 状态按钮,编号 3 后面的圆圈变为绿色,使编号 3 的 I/O 输出为 1,快换末端卡扣收缩,如图 5-16 所示。

项目五 工业机器人搬运应用编程

3) 手动将平口夹爪工具安装在快换接口法兰上,再单击编号3对应的【值】按钮,使编号3的I/O输出变为0,编号3后面的绿色圆圈变为灰色,快换末端卡扣松开,完成平口夹爪工具的安装,如图5-17所示。

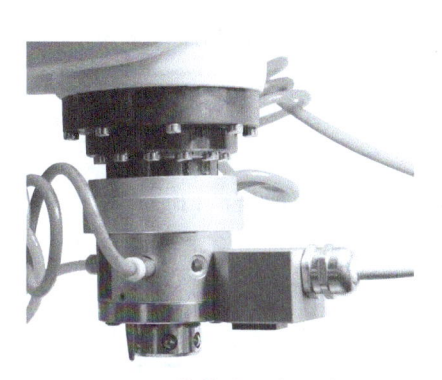

图 5-16 快换末端卡扣收缩

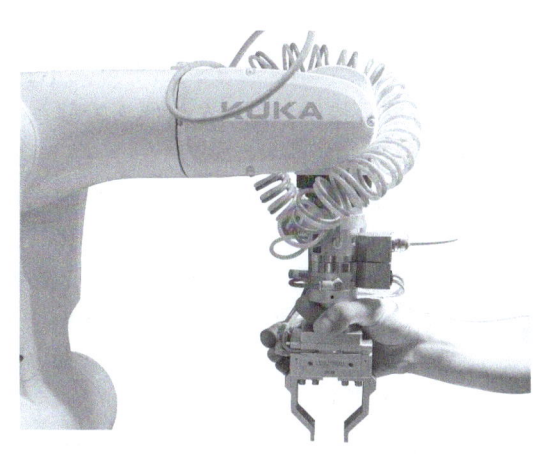

图 5-17 安装平口夹爪工具

3. 示教编程

(1) 新建搬运程序文件夹 在专家模式下,单击"R1"文件夹,单击示教器左下角的【新】按钮,新建文件夹"banyun",单击示教器右下角的【OK】按钮,如图5-18所示。

(2) 新建搬运程序文件 选择"banyun"文件夹,单击示教器右下角的【打开】按钮,打开文件夹。单击示教器左下角的【新】按钮,通过弹出的键盘输入程序名"banyun1",单击示教器右下角的【新】按钮,可新建一个程序文件,如图5-19所示。

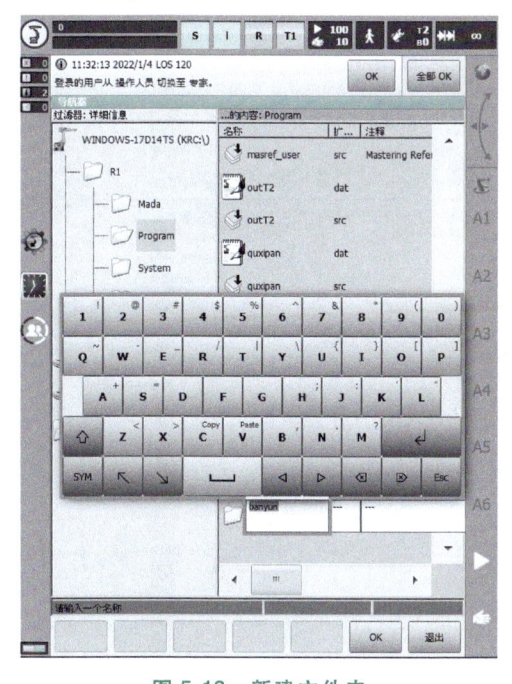

图 5-18 新建文件夹

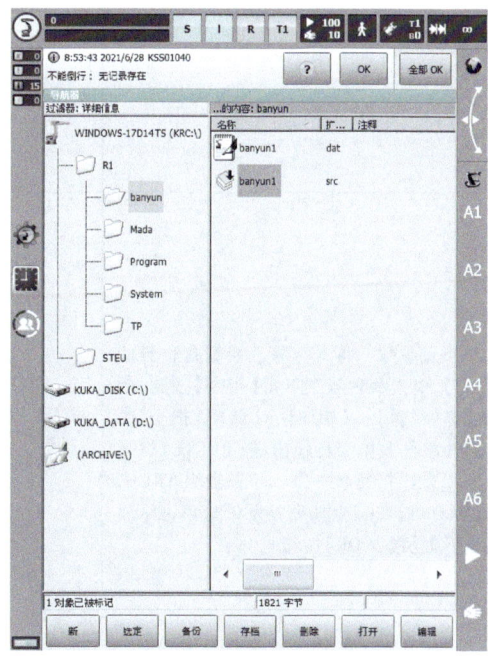

图 5-19 新建程序文件

(3) 新建程序准备

1) 设置参数。在示教过程中，需要在一定的坐标模式、运动模式和运动速度下，手动控制机器人到达指定的位置。因此，在示教运动指令前，需要选定坐标模式、运动模式和运动速度。

2) I/O 配置。本任务中使用平口夹爪抓取和放置工件，平口夹爪的夹紧和松开需要通过 I/O 接口信号控制。KUKA 机器人控制系统提供了 I/O 通信接口，本任务采用编号为 1 和 2 的 I/O 通信接口。

3) 工具坐标系（Tool6）设定。以被搬运工件为对象选取一个接触尖点，同时选取平口夹爪的一个接触尖点，测试平口夹爪的 TCP 和姿态。

4) 基坐标系（Base）设定。以搬运区平台（Base6）和放置平台（Base2）为对象，同时选取平口夹爪一个接触尖点，测试基坐标系。

(4) 建立程序　具体程序建立过程见表 5-4。

表 5-4　具体程序建立过程

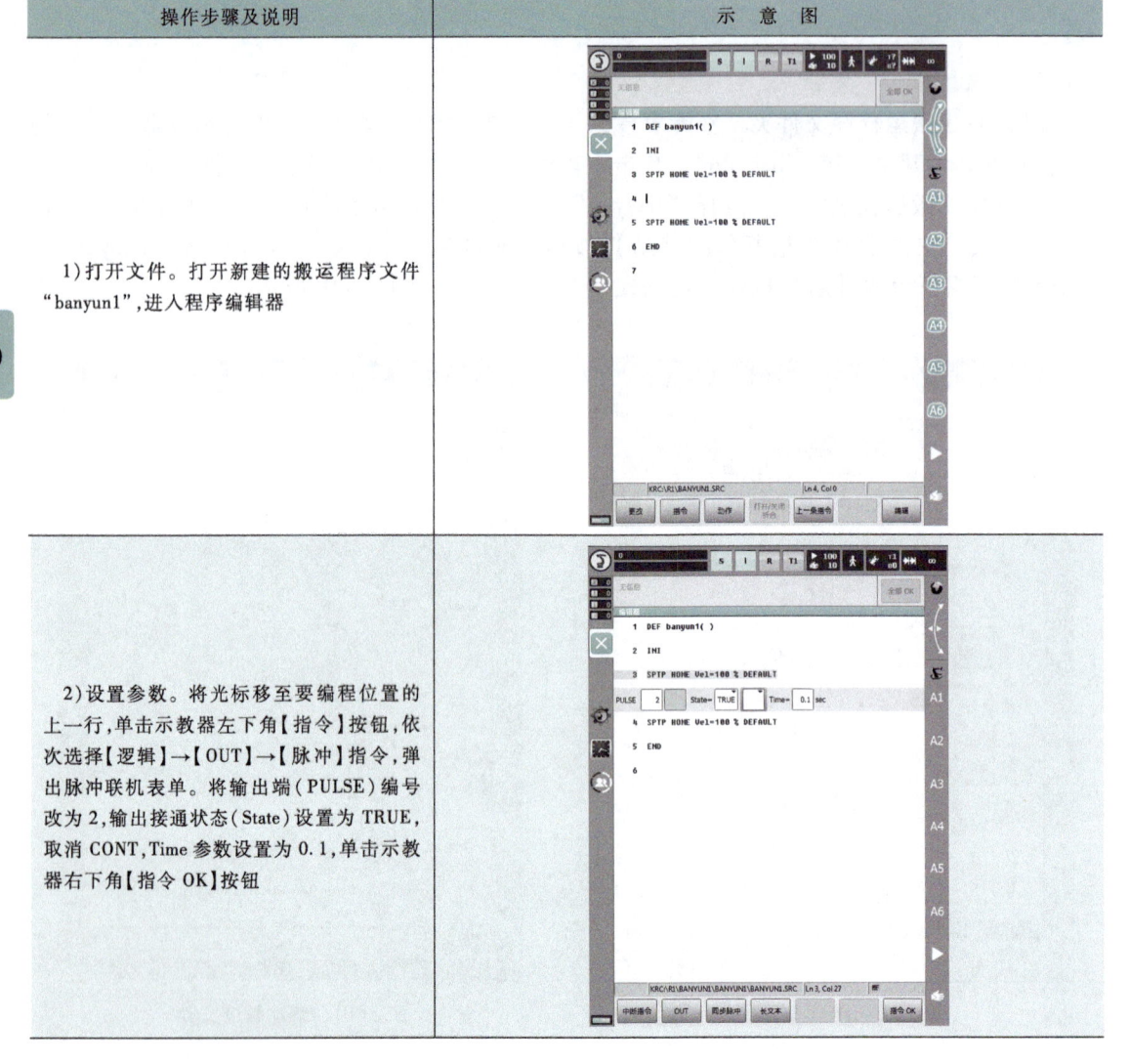

操作步骤及说明	示　意　图
1) 打开文件。打开新建的搬运程序文件"banyun1"，进入程序编辑器	
2) 设置参数。将光标移至要编程位置的上一行，单击示教器左下角【指令】按钮，依次选择【逻辑】→【OUT】→【脉冲】指令，弹出脉冲联机表单。将输出端（PULSE）编号改为 2，输出接通状态（State）设置为 TRUE，取消 CONT，Time 参数设置为 0.1，单击示教器右下角【指令 OK】按钮	

（续）

操作步骤及说明	示　意　图
3）添加 SPTP 运动指令。手动操作机器人移动到 pick1 点，将光标移至要编程位置的上一行，单击示教器左下角【指令】→【运动】→【SPTP】，添加 SPTP 指令。依次单击示教器右下角【Touch Up】、【指令 OK】按钮，完成 pick1 点示教	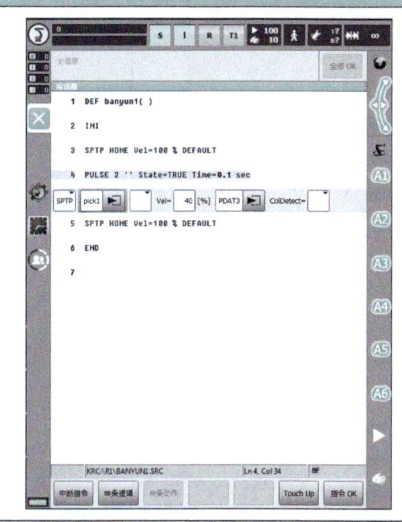
4）添加 SLIN 运动指令。手动操作机器人移动到 pick2 点，将光标移至要编程位置的上一行，单击示教器左下角【指令】→【运动】→【SLIN】，添加 SLIN 指令，修改速度为 2m/s。依次单击示教器右下角【Touch Up】、【指令 OK】按钮，完成 pick2 点示教	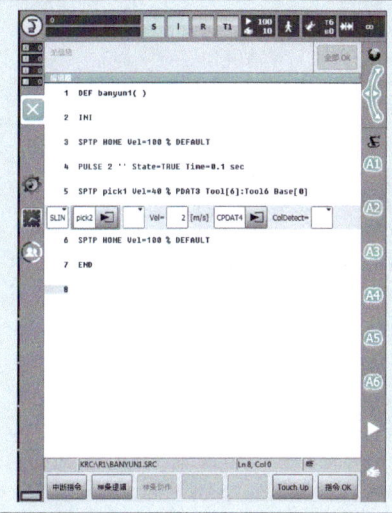
5）添加 OUT 逻辑指令。将光标移至要编程位置的上一行，单击示教器左下角【指令】按钮，依次选择【逻辑】→【OUT】→【脉冲】指令，弹出脉冲联机表单。将输出端（PULSE）编号改为 1，输出接通状态（State）改为 TRUE，取消 CONT，Time 参数设置为 0.1，单击示教器右下角【指令 OK】按钮	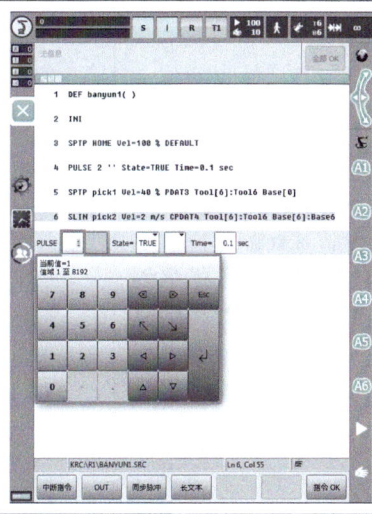

（续）

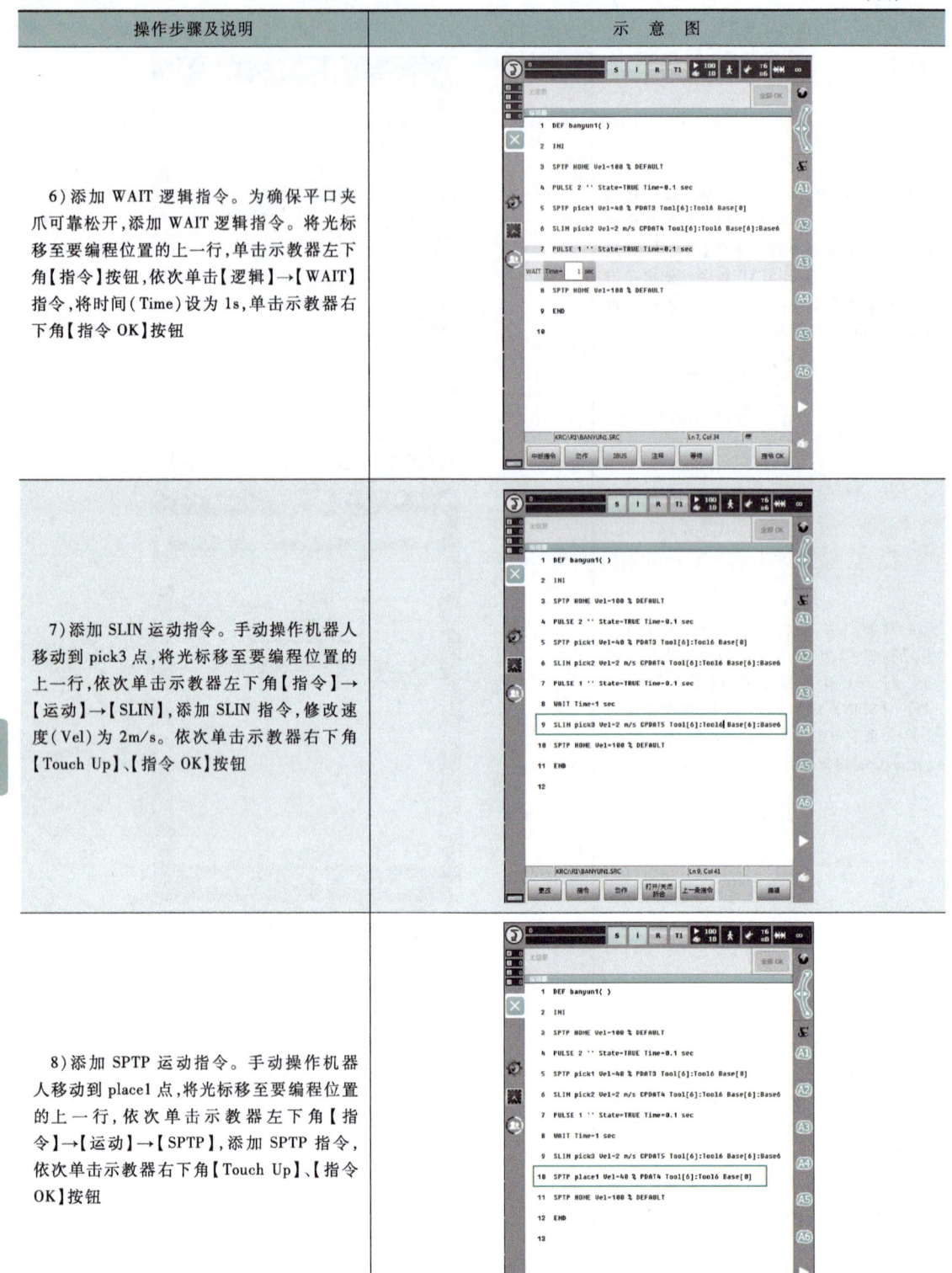

操作步骤及说明	示　意　图
6）添加 WAIT 逻辑指令。为确保平口夹爪可靠松开，添加 WAIT 逻辑指令。将光标移至要编程位置的上一行，单击示教器左下角【指令】按钮，依次单击【逻辑】→【WAIT】指令，将时间（Time）设为 1s，单击示教器右下角【指令 OK】按钮	
7）添加 SLIN 运动指令。手动操作机器人移动到 pick3 点，将光标移至要编程位置的上一行，依次单击示教器左下角【指令】→【运动】→【SLIN】，添加 SLIN 指令，修改速度（Vel）为 2m/s。依次单击示教器右下角【Touch Up】、【指令 OK】按钮	
8）添加 SPTP 运动指令。手动操作机器人移动到 place1 点，将光标移至要编程位置的上一行，依次单击示教器左下角【指令】→【运动】→【SPTP】，添加 SPTP 指令，依次单击示教器右下角【Touch Up】、【指令 OK】按钮	

(续)

操作步骤及说明	示　意　图
9）添加 SLIN 运动指令。手动操作机器人移动到 place2 点，将光标移至要编程位置的上一行，依次单击示教器左下角【指令】→【运动】→【SLIN】，添加 SLIN 指令，修改速度（Vel）为 2m/s。依次单击示教器右下角【Touch Up】、【指令 OK】按钮	
10）添加 OUT 逻辑指令。将光标移至要编程位置的上一行，单击示教器左下角【指令】按钮，依次选择【逻辑】→【OUT】→【脉冲】指令，弹出脉冲联机表单。将输出端（PULSE）编号改为 2，输出接通状态（State）改为 TRUE，取消 CONT，Time 参数设置为 0.1s，单击示教器右下角【指令 OK】按钮	
11）添加 WAIT 逻辑指令。为确保气爪可靠松开，添加 WAIT 逻辑指令。单击示教器左下角【指令】按钮，依次单击【逻辑】→【WAIT】指令，将时间（Time）设为 1s，单击示教器右下角【指令 OK】按钮	

（续）

操作步骤及说明	示意图
12）添加 SLIN 运动指令。手动操作机器人移动到 place3 点，将光标移至要编程位置的上一行，依次单击示教器左下角【指令】→【运动】→【SLIN】，添加 SLIN 指令，修改速度（Vel）为 2m/s。依次单击示教器右下角【Touch Up】、【指令 OK】按钮	
13）返回起始位置。机器人返回 HOME 点，完成搬运任务	

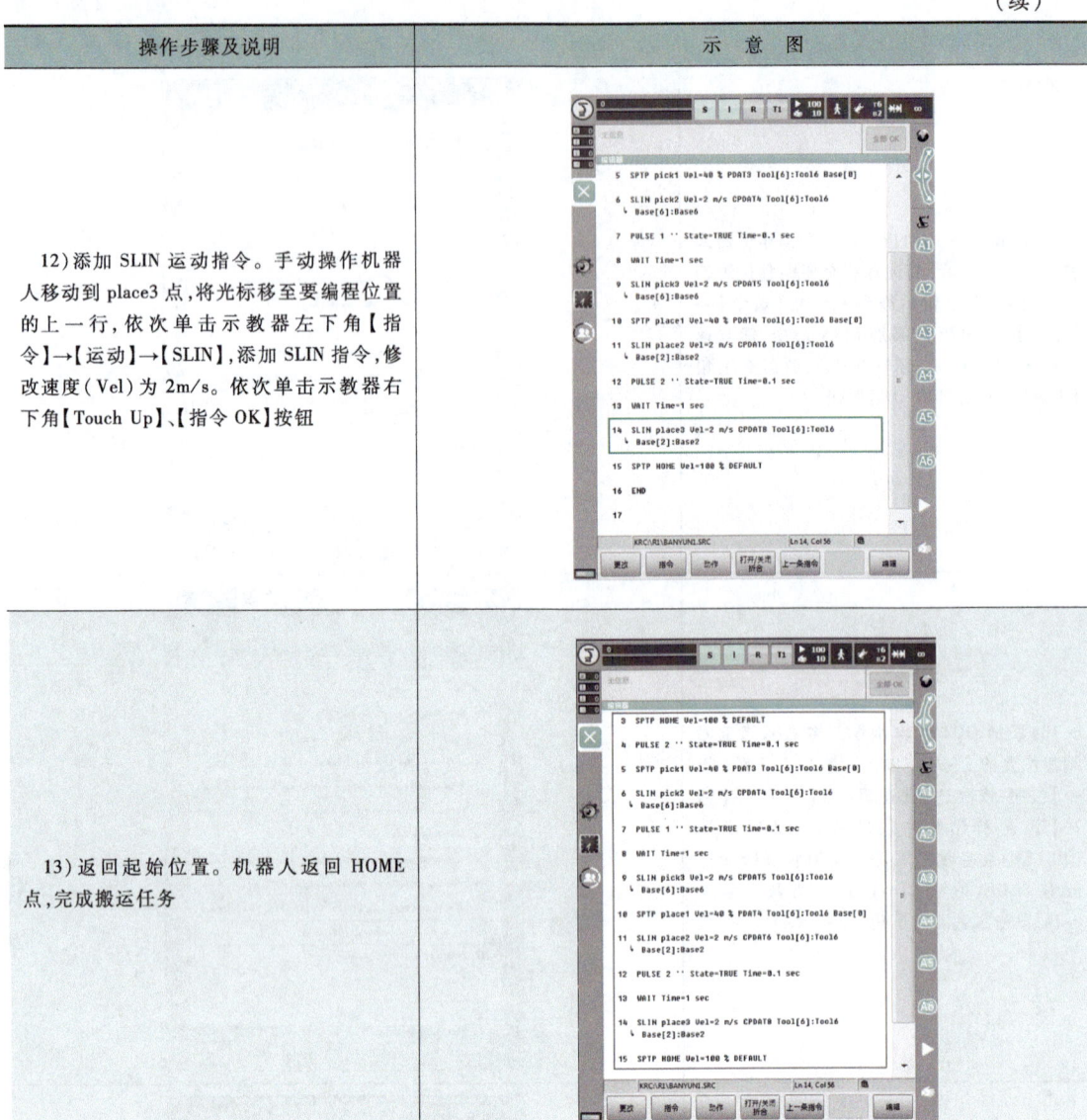

4. 程序调试与运行

1）加载程序。编程完成后，保存的程序必须加载到内存中才能运行，选择"banyun"目录下的"banyun1"程序，单击示教器下方【选定】按钮，完成程序的加载，如图 5-20 所示。

2）试运行程序。程序加载后，程序执行的蓝色指示箭头位于初始行。使示教器白色确认开关保持在中间档，然后按住示教器左侧绿色三角形正向运行键 ▶ 或示教器背后绿色启动键，状态栏中"R"和程序内部运行状态文字说明为绿色，则表示程序开始试运行，蓝色指示箭头依次下移，如图 5-21 所示。

当蓝色指示箭头移至第 4 行 SPTP 指令行时，弹出"BCO"提示信息，单击【OK】或【全部 OK】按钮，继续试运行程序，如图 5-22 所示。

图 5-20 加载程序

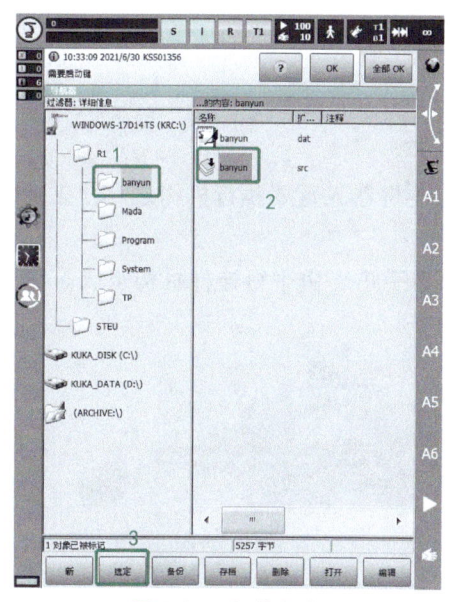

图 5-21 试运行程序

图 5-22 "BCO" 提示信息

3）自动运行程序。经过试运行确保程序无误后，方可自动运行程序。自动运行程序操作步骤如下：

① 加载程序。

② 手动操作程序直至程序提示"BCO"信息。

③ 利用连接管理器切换运行方式。将运动方式选择开关转动到"锁紧"位置，弹出运行模式窗口，选择"AUT"（自动运行）模式，再将运行方式选择开关转动到"开锁"位置，此时示教器顶端的状态栏中的"T1"改为"AUT"。

④ 为安全起见，降低机器人自动运行速度，在第一次运行程序时，建议将程序调节量设定为10%。

⑤ 单击示教器左侧蓝色三角形正向运行键，程序自动运行，机器人自动完成搬运任务。

4）最终搬运结果如图 5-23 所示。

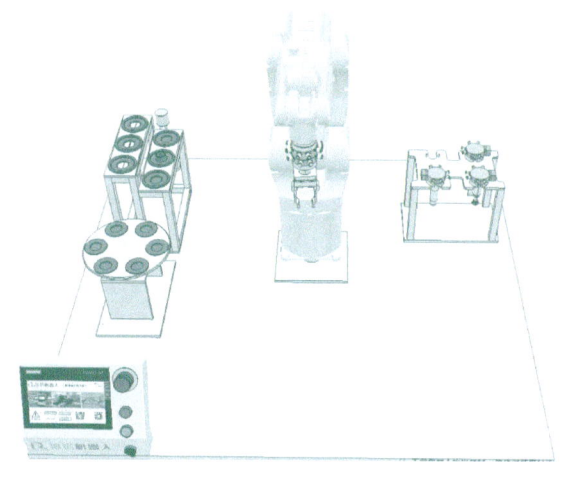

图 5-23 最终搬运结果

知识拓展

一、多种工业机器人手爪夹持形式

工业机器人手爪是实现类似人手功能的部件，是工业机器人重要执行机构之一。工业机器人手爪的几种常用夹持形式如下：

1）平行连杆两爪形式　图 5-24 所示为平行连杆两爪手爪，由平行连杆机构组成。

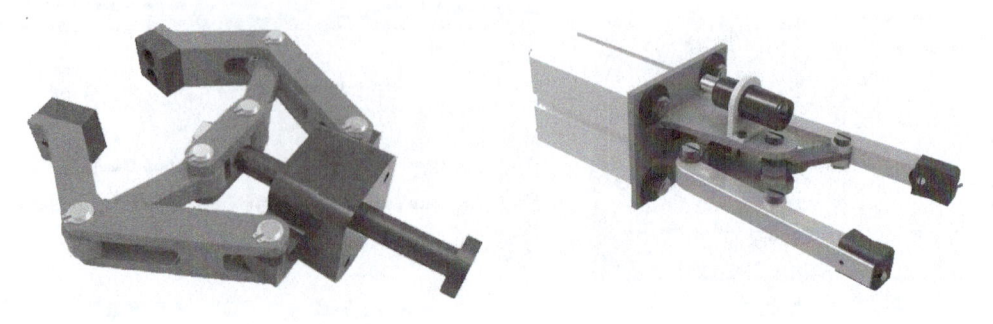

图 5-24　平行连杆两爪手爪

2）三爪外抓形式　图 5-25 所示为三爪外抓手爪。

图 5-25　三爪外抓手爪

3）三爪内撑形式　图 5-26 所示为三爪内撑手爪，通过内撑的方式来抓取物体。
4）连杆四爪形式　图 5-27 所示为连杆四爪手爪。

图 5-26　三爪内撑手爪

图 5-27　连杆四爪手爪

5）柔性自适应形式　图 5-28 所示为柔性自适应手爪，可抓取空间几何形状复杂的物体。

6）真空吸盘形式　图 5-29 所示为真空吸盘手爪，利用真空吸盘来抓取物体。

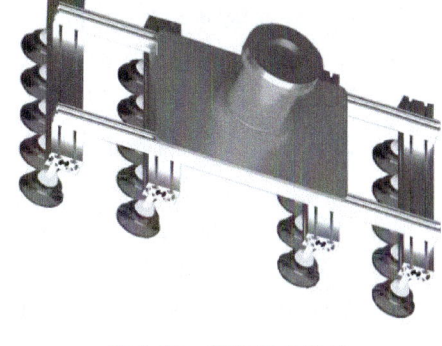

图 5-28　柔性自适应手爪

图 5-29　真空吸盘手爪

7）仿生机械手形式　图 5-30 所示为仿生机械手爪，是利用仿生学原理且具有多个自由度的多指灵巧手爪，其抓取的工件多为不规则、圆形的轻便物体。

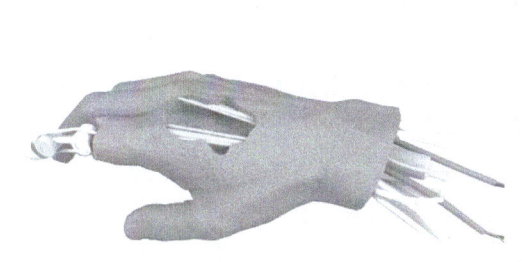

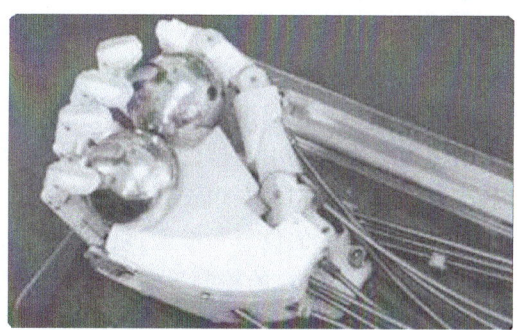

图 5-30　仿生机械手爪

二、工业机器人手爪的功能要求

工业机器人手爪在接收到抓取工件信号后，按指定的路径和抓取方式，在规定的时间内完成工件取放动作。在工业机器人抓取工件过程中，为保证抓取工件的可靠性，工业机器人手爪应具备一定的抓取运动范围、工件在手爪中的可靠定位、工件抓取后的位置检测报警、工件清洁所需的气管，以及断电保护等相关功能。

1. 抓取运动范围要求

抓取运动范围是手爪抓取工件时手指张开的最大值与收缩的最小值之间的差值。由于工件的大小、形状、抓取位置的不同，为使手爪适合抓取不同规格的工件，手爪的运动范围应有所不同。工作时工件夹紧位置应处于最大值与最小值之间。在工件夹紧后，手指的实际夹紧位置应大于手指收缩后的最小位置，使工件夹紧后夹紧气缸能有一定的预留夹紧行程，保证工件可靠夹紧。

2. 工件定位要求

为使手爪能正确抓取工件，保证工件在工业机器人运行过程中能与手爪可靠地接触，工件在手爪中必须有正确、可靠的定位要求，需分析零件的具体结构，确定零件的定位位置及定位方式。工件的定位方式有如下几种：

1）工件以平面定位：工件在手爪中以外形或某个已加工面作为定位平面，定位后工件在手爪中具有确定的位置，为保证工件可靠定位，需限制工件的6个自由度。一般大平面限制3个自由度，侧面限制2个自由度，另一侧面限制1个自由度。定位元件一般采用支承钉或支承板，并在手爪中以较大距离布置，以减小定位误差，提高定位精度和可靠性。支承钉或支承板与手爪本体的连接多采用销孔 H7/n6 或 H7/r6 过盈配合连接或螺钉固定连接。

2）工件以孔定位：工件在手爪中以某孔轴线作为定位基准，定位元件一般采用心轴或定位销。

心轴定位限制4个自由度。根据不同要求，心轴可用间隙配合心轴、锥度心轴、弹性心轴、液塑心轴和自定心心轴等。

定位销分短圆柱定位销、菱形销、圆锥销和长圆柱定位销，分别限制2个自由度、1个自由度、3个自由度和4个自由度。定位销与手爪本体的连接多采用销孔 H7/n6 或 H7/r6 过盈配合连接。

3）工件以外圆表面定位：工件在手爪中以某外圆表面作为定位面，通过安装于手爪本体上的套筒、卡盘或V形块定位。V形块定位的对中性好，可用于非完整外圆的表面定位。长V形块限制4个自由度，短V形块限制2个自由度。套筒、卡盘分别限制2个自由度。

3. 工件位置检测要求

工业机器人手爪抓取工件后按照工艺流程和PLC程序将执行下一步动作，在执行动作前，需确定工件在手爪中的位置是否正确，并将该结果以电信号的形式发送给机床和相关专用设备，以使机床和相关专用设备能提前做好接收工件的准备工作，如松开夹头、清洁定位面等。工件在手爪中的位置一般通过位置传感器确定，传感器可采用接近开关、光电开关等与PLC连接，通过PLC的控制确定工件的位置。若工件位置不符合要求，PLC将不执行下一步工作，以保证手爪和机床等工作设备的安全性和可靠性。

4. 工件清洁要求

工件在手爪中定位时，为保证工件位置的正确和定位夹紧的可靠，手爪中工件的定位面、夹爪的夹紧面、插销的定位孔以及工件的外表面等必须予以清洁处理，去除定位面、夹紧面、定位孔和外表面的灰尘或垃圾，从而使工件在手爪中定位正确、夹紧可靠。

5. 安全要求

手爪在抓取工件后，通过手爪手指的夹紧力将工件与手爪可靠地连接在一起。为保证工件与手爪在工业机器人运行过程中安全可靠，要求工业机器人运行过程中如果夹钳体突然断气或断电后，手爪手指仍能可靠地夹紧工件，保证工件抓取后运行的可靠性、安全性。这是手爪必须具备的安全功能，是工业机器人手爪的重要性能和参数。

三、工业机器人助力机床上下料

工业机器人上下料工作站由上下料工业机器人、数控机床、PLC、控制器和输送线等组成。它具有以下特点：

1）高柔性：只要修改工业机器人的程序和更换手爪夹具，就可以迅速投产。
2）高效率：可以控制节拍，避免人为因素降低工效，机床利用率可以提升25%以上。

3）高质量：工业机器人控制系统规范了加工全过程，从而避免了人工的误操作，保证了产品的质量。

图 5-31 所示为上下料工业机器人。上下料工业机器人可以替代人工实现在数控机床加工过程中工件搬运、取件、装卸等上下料作业，以及工件翻转和工序转换。其工作流程如下：

1）当载有待加工工件的托盘输送到上料位置后，工业机器人将工件搬运到数控机床的加工台上。

2）数控机床进行加工。

3）加工完成，工业机器人将工件搬运到输送线上料位置的托盘上。

4）上料输送线将载有已加工工件的托盘向装配工作站输送。

上下料系统由人机界面发布命令，采用两个无线通信模块分别连接 PLC 和小型控制器 DVP，实现信息的交流与控制。PLC 主要控制数控机床的工件加工，DVP 小型控制器主要控制伺服系统与上下料工业机器人的协同配合，小车在线自动走位，到达数控机床工位自动取换料，无需人员操作，为用户减轻负担。以前需 1 名操作员看守 1 台数控机床，项目导入后，1 名操作员可看守 10 台数控机床，节省人力高达 90%。伺服旋转上下料输送机将待加工工件运送至工业机器人抓取位置，工业机器人通过行走导轨将工件搬运至每台数控机床进行加工，待加工完成后将工件搬运到伺服旋转上下料输送机，由操作员将加工好的工件运至成品区。同时，还可搭配 AGV 无人搬运小车，真正实现无人看守，大幅度减少人力。KUKA 工业机器人铣床自行上料系统如图 5-32 所示。

图 5-31 上下料工业机器人

图 5-32 KUKA 工业机器人铣床自行上料系统

评价反馈

评价反馈见表 5-5。

表 5-5 评价反馈

基本素养(30 分)				
序号	评估内容	自评	互评	师评
1	纪律（无迟到、早退、旷课）(10 分)			
2	安全规范操作(10 分)			
3	团结协作能力、沟通能力(10 分)			

（续）

理论知识(30分)				
序号	评估内容	自评	互评	师评
1	各种指令的应用(10分)			
2	搬运工艺流程(5分)			
3	I/O信号的设置(5分)			
4	搬运工业机器人常用的手爪(5分)			
5	工业机器人在机床上下料中的应用(5分)			
技能操作(40分)				
序号	评估内容	自评	互评	师评
1	搬运轨迹规划(10分)			
2	程序运行示教(10分)			
3	程序校验、试运行(10分)			
4	程序自动运行(10分)			
综合评价				

练习与思考题

一、填空题

1. _____末端执行器的主要功能是抓取工件、握持工件、释放工件。
2. _____末端执行器常用于搬运。
3. KUKA 机器人编程 I/O 设置中"out 1 ' ' State = TRUE"代表_____。
4. 完成整个搬运工作任务所需要的设备有_____、_____、_____、_____和_____。
5. 最终完成整个搬运工作任务需要依次进行_____、_____、_____、_____。
6. 仿生机械手爪的特点是具有多个_____的多指灵巧手爪，其抓取的工件多为_____、_____。

二、简答题

1. 程序调试的目的是什么？
2. 工业机器人手爪有哪几种夹持形式？

三、编程题

将旋转供料模块和原料仓储模块安装在工作台指定位置，在工业机器人末端手动安装平口夹爪工具，按照图 5-33 所示摆放 1 个柔轮组件，创建并正确命名例行程序。利用示教器进行现场操作编程，按下启动按钮后，工业机器人自动从工作原点开始执行搬运任务，将柔轮组件从原料仓储模块搬运到旋转供料模块的库位中；完成柔轮组件搬运任务后，工业机器人返回工作原点，搬运完成样例如图 5-34 所示。

项目五　工业机器人搬运应用编程

图 5-33　柔轮组件初始摆放位置

图 5-34　柔轮组件搬运完成位置

项目六　工业机器人码垛应用编程

学习目标

1. 掌握工业机器人语言界面、系统时间和用户权限环境参数的设置方法。
2. 掌握循环指令、判断指令、取余指令和偏移指令等复杂编程函数指令的使用方法。
3. 掌握工业机器人码垛等工业程序编制方法。

工作任务

一、工作任务的背景

在食品、饮料、药品、建材和化工等生产企业，需要将产品整齐地码放在一起。利用工业机器人代替人工作业，不仅能使工人摆脱繁重的体力劳动，降低劳动强度，而且能提高生产效率，如图 6-1 所示。

图 6-1　工业机器人在码垛方面的应用

码垛是指将物品整齐、规则地摆放成货垛的作业，即根据物品的性质、形状和重量等因素，结合仓库存储条件，将物品码放成一定形状的货垛，以便存放或者运输。

二、所需要的设备

工业机器人码垛系统涉及的主要设备包括：工业机器人应用领域一体化教学创新平台（BNRT-IRAP-KR4）、KUKA-KR4 型工业机器人本体、机器人控制器、示教器、气泵、码垛模块和吸盘工具，如图 6-2 所示。

三、任务描述

本任务使用机器人在传送单元上抓取工件，对工件进行码垛操作，需要完成 I/O 配置、

项目六 工业机器人码垛应用编程

电源　　控制器　　示教器　　工业机器人本体　　气泵　　码垛模块　　吸盘工具

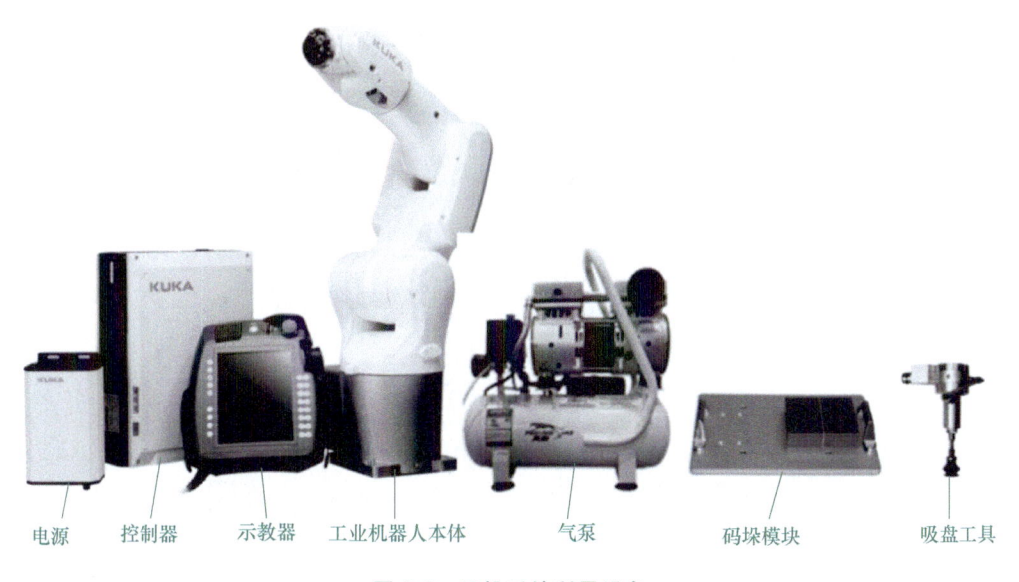

图 6-2 码垛系统所需设备

程序创建、目标点示教、程序编写及调试等。

将码垛模块安装在工作台指定位置，在工业机器人末端手动安装吸盘工具，按照图 6-3 所示在码垛模块上摆放 6 块工件（共三层，每层纵向 2 列）。利用示教器进行现场操作编程，按下启动按钮后，工业机器人自动从工作原点开始执行码垛任务；码垛完成后，工业机器人返回工作原点。码垛完成样例如图 6-4 所示（纵向单列 6 层）。

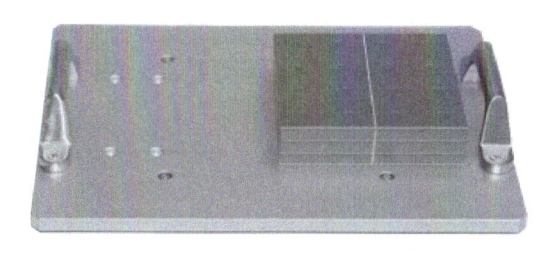

图 6-3 码垛工件摆放位置

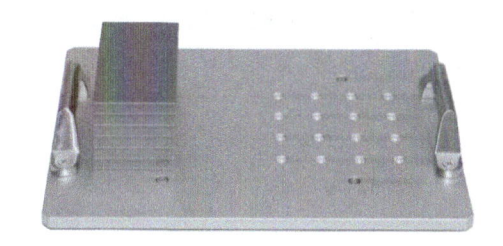

图 6-4 码垛完成样例

实践操作

一、知识储备

1. KUKA 示教器 smartPad 语言切换

示教器出厂时默认的显示语言是英文，为了方便操作，可以将显示语言设置为中文。下面简要介绍将显示语言设定为中文的操作步骤。

在示教器主菜单中单击【Configuration】→【User group】，示教器将显示当前用户组（User group）里的登录选项，如图 6-5~图 6-7 所示。

用户组（User group）里有操作人员（Operator）、用户（User）、专家（Expert）、安全调试员（Safety recovery technician）和安全维护员（Safety maintenance technician）等登录选

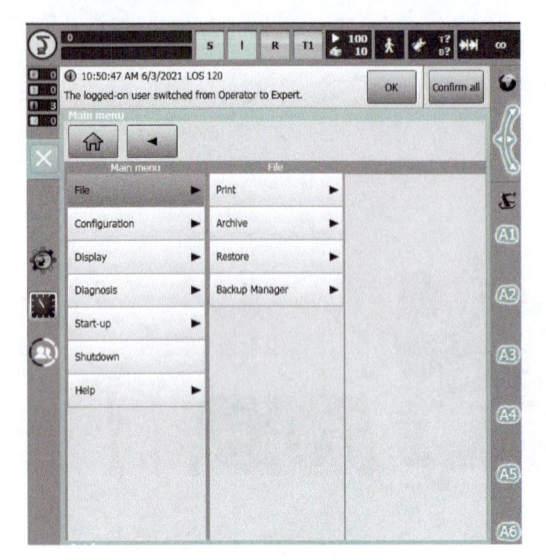

图 6-5 原始英文界面

图 6-6 单击【Configuration】

项。当选择操作人员（Operator）或用户（User）时，显示语言设置栏为不可进入的灰色，没有切换语言的权限，如图 6-8 所示。

当选择其他登录选项如专家（Expert）时，显示语言设置栏可进入，选择【中文（中华人民共和国）】，单击【OK】按钮，也可选择其他语言，如图 6-9 所示。

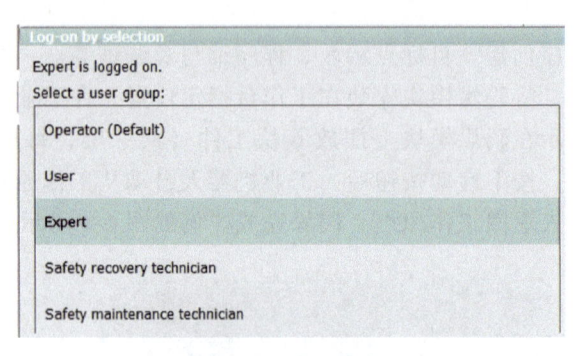

图 6-7 登录选项

图 6-8 灰色的语言选项

图 6-9 显示语言设置栏

2. 指令介绍

（1）WHILE 指令　WHILE 指令又称条件循环指令，如图 6-10 所示。当条件满足时，循环执行 DO 与 END 之间的程序段（程序段也称为循环体；当条件不满足时，执行 END 后的下一个程序段。若能确定程序段重复的次数，也可以使用 FOR 指令来完成。

格式如下：

while condition do

　　指令

end_while

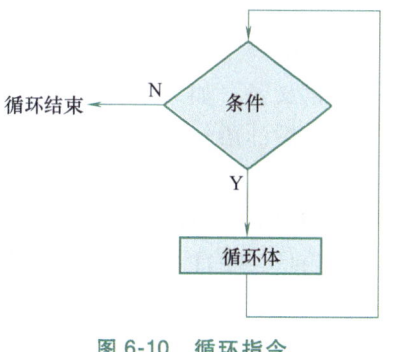

图 6-10　循环指令

上述格式中的"condition"是循环判断条件，若满足判断条件，则执行下面的"指令"；若不满足判断条件，则停止执行 WHILE 中的指令内容。

示例 1：WHILE 循环（图 6-11）。

在图 6-11 中，当变量 i 的值大于 10 时，WHILE 循环将停止。

示例 2：无限循环（图 6-12）。

```
4  while i<=10 do
5  i:=i+1
6  SPTP p1 Vel=100 % PDAT3 Tool[1] Base[0]
7  SPTP p2 Vel=100 % PDAT4 Tool[1] Base[0]
8  end_while
```

图 6-11　WHILE 循环示例

```
4  while true do
5  SPTP p1 Vel=100 % PDAT3 Tool[1] Base[0]
6  SPTP p2 Vel=100 % PDAT4 Tool[1] Base[0]
7  end_while
```

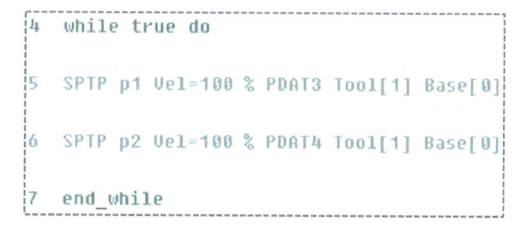

图 6-12　无限循环示例

在图 6-12 中，WHILE 指令的条件是 TRUE，即条件一直成立，所以当程序运行到此处时，会一直执行 WHILE 指令，不会跳到下一条指令，形成无限循环的状态。

（2）IF 语句　用 IF 语句可以构成分支结构。它根据给定的条件进行判断，以决定执行某个分支程序段。使用 IF 语句后，可以只在特定的条件下执行程序段。IF 语句有两种基本形式：单分支和多分支，如图 6-13 和图 6-14 所示。

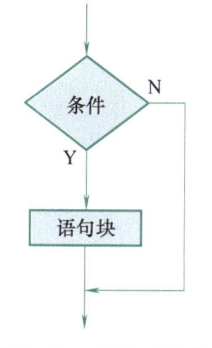

图 6-13　单分支结构

图 6-14　双分支结构

单分支 IF 语句的格式如下：

IF（条件表达式）　　THEN

语句
ENDIF

其语义是：如果条件表达式的值为真，则执行其后的语句，否则不执行该语句。

示例：单分支结构（图6-15）。

当IF的"condition"条件为真时，执行IF后的"SPTP"指令，否则不执行该指令。

```
4  IF condition THEN
5  SPTP p1 Vel=100 % PDAT5 Tool[1] Base[0]
6  ENDIF
```

图6-15　单分支结构示例

双分支语句的格式如下：
IF（条件表达式）　　THEN
语句1
ELSE
语句2
ENDIF

其语义是：如果条件表达式的值为真，则执行语句1，否则执行语句2。

示例：双分支结构（图6-16）。

当IF的"condition"条件为真时，执行"THEN"后面的语句，否则执行"ELSE"后面的语句。

（3）SWITCH语句　图6-16所示的IF语句只能从两条语句中选择一条语句执行，当要实现从多条语句中选择一条执行时，需要用IF…ELSEIF形式的多重嵌套IF语句实现。当选择分支较多时，程序将变得复杂冗长，可读性降低。SWITCH语句专门用于处理多路分支的情形，如图6-17所示。

```
4  IF condition THEN
5  SPTP p1 Vel=100 % PDAT5 Tool[1] Base[0]
6  ELSE
7  SPTP p2 Vel=100 % PDAT6 Tool[1] Base[0]
8  ENDIF
```

图6-16　双分支结构示例

格式如下：
SWITCH（变量）
CASE 常量值1
语句体1
CASE 常量值2
语句体2
…
DEFAULT
…
ENDSWITCH

其中，常量表达式的值必须是整型、字符型或者枚举类型。

示例：SWITCH结构（图6-18）。

图 6-17 SWITCH 语句

```
4   SWITCH number
5   CASE 1
6   SPTP p1 Vel=100 % PDAT7 Tool[1] Base[0]
7   CASE 2
8   SPTP p2 Vel=100 % PDAT8 Tool[1] Base[0]
9   CASE 3
10  SPTP p3 Vel=100 % PDAT9 Tool[1] Base[0]
11  DEFAULT
12  SPTP p4 Vel=100 % PDAT10 Tool[1] Base[0]
13  ENDSWITCH
```

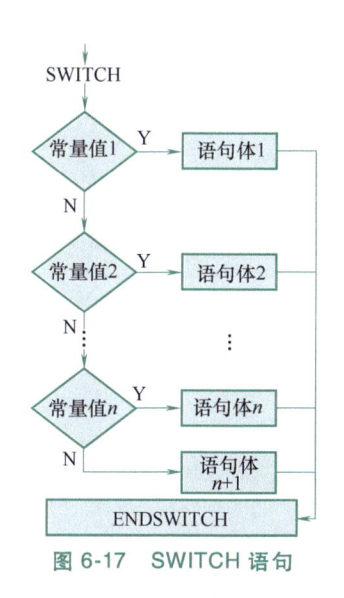

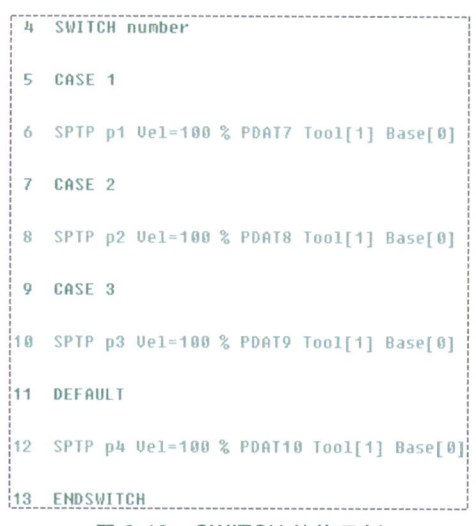

图 6-18 SWITCH 结构示例

图 6-18 所示示例程序解释：当程序运行到"SWITCH"，检测到"number"为 1 时，运行"SPTP p1"；检测到"number"为 2 时，运行"SPTP p2"；检测到"number"为 3 时，运行"SPTP p3"；当"number"不为 1、2、3 中的任何一个时，程序运行"SPTP p4"。

（4）赋值指令 KUKA 机器人的赋值指令为"＝"。

示例：B = A。

程序解释：将 A 的值赋给 B。

（5）偏置指令 偏置指令用于设置笛卡儿空间的点分别沿 X/Y/Z 轴方向偏移的函数。

若需要在某点（如 P1）的基础上沿某方向（W）升高一定距离（M），得到一个新的坐标点（如 P2），则指令程序为：

XP2 = XP1

XP2. W = XP1+M

其中，W 可选择的范围是 X、Y、Z，分别代表沿 X 轴、Y 轴、Z 轴方向进行偏移；M 为偏移的数值量，单位是 mm。

示例：偏移指令（图 6-19）。

图 6-19 所示示例程序解释：定义 P2、P3、P4，记录 P1 点位置，首先将 P1 赋值给 P2，在笛卡儿坐标系中，P1 沿 X 轴正方向位移 50mm，Z 轴正方向位移 50mm 得到 P2；P1 沿 X 轴负方向位移 50mm 得到 P3；P1 沿 Y 轴正方向位移 100mm 得到 P4。

3. 输入输出信号的监控与操作

1）如图 6-20 所示，在示教器主菜单中选择【显示】→【输入/输出端】。

2）显示某一特定输入/输出端：可选择【数字输出端】、【数字输入端】、【模拟输入端】和【模拟输出端】等。图 6-21 所示为打开【数字输出端】所显示的各输出端口，选择要强制设置某编号的输出端口，单击【值】按钮。若一个输入或输出端为 TRUE，则被标记为绿色，表示将该端口强制打开。

如果当前页面没有所需要的端口，可以单击【至】按钮，在弹出的页面中填入想要设置的输入/输出端编号，如图 6-22 所示，然后按回车键确认。页面将跳转至带此编号的输入/输出端。

```
1  DEF pianyi( )
2  DECL POS P2,P3,P4
3  INI
4  SPTP HOME Vel=100 % DEFAULT
5  SPTP P1 Vel=100 % PDAT1 Tool[1] Base[0]
6  XP2=XP1
7  XP2.X=XP1.X+50
8  XP2.Z=XP1.Z+50
9  XP3=XP1
10 XP3.X=XP1.X-50
11 XP4=XP1
12 XP4.Y=XP1.Y+100
13 SPTP HOME Vel=100 % DEFAULT
14 END
```

图 6-19 偏移指令示例

图 6-20 数字输入/输出端

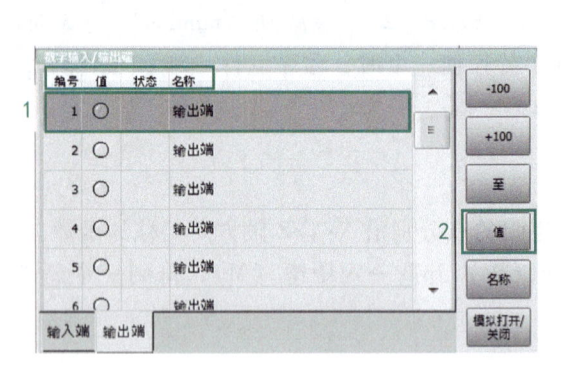

图 6-21 I/O 强制打开

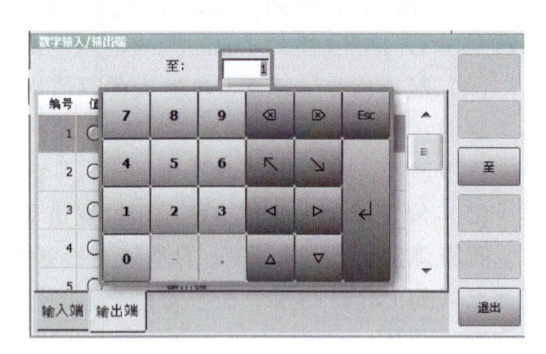

图 6-22 指定输入/输出端编号

4. 在 smartPAD 上创建屏幕截图

两次快速地单击主菜单按钮（带机器人图标的按钮），并将屏幕截图保存到文件夹 C：\ KUKA \ Screenshot 中。

二、任务实施

机器人码垛运动可分解为抓取工件、搬运工件、放置工件等一系列子任务，如图 6-23 所示。

1. 码垛任务

采用在线示教的方式编写码垛作业程序，最终码垛结果为 6 层码垛块。本任务中，每个码垛都有两个公用程序点和两个独有程序点，码垛运动轨迹如图 6-24 所示，每个程序点的说明见表 6-1。

2. 手动安装吸盘

在示教器主菜单中选择【显示】→【输入/输出端】→【数字输出端】→对应编号输出端，如图 6-25 所示。手动安装吸盘，如图 6-26 所示。

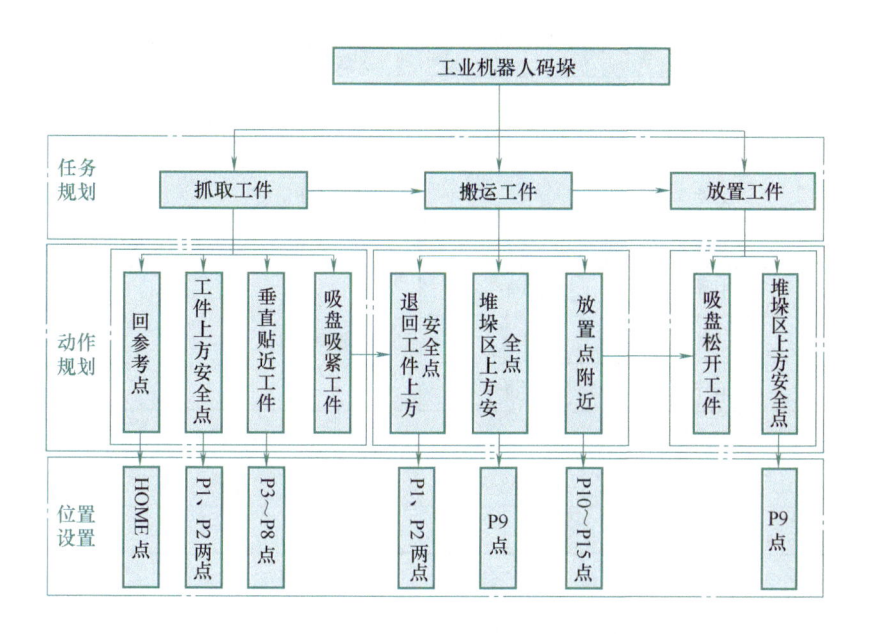

图 6-23　码垛任务

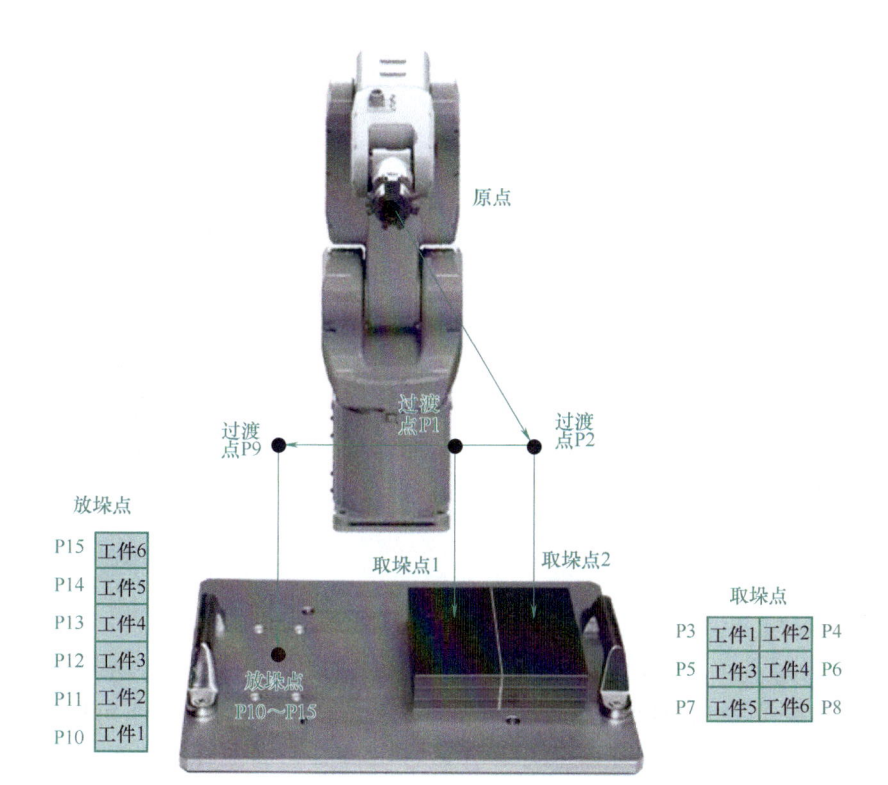

图 6-24　码垛运动轨迹

表 6-1 程序点说明

程序点	说	明	程序点	说 明
工作原点	HOME 点		过渡点 P1	取垛点 1 正上方
取垛点 1	工件 1	P3	过渡点 P2	取垛点 2 正上方
	工件 3	P5		
	工件 5	P7		
取垛点 2	工件 2	P4	过渡点 P9	放垛点正上方
	工件 4	P6		
	工件 6	P8		
放垛点	工件 1	P10	工件 4	P13
	工件 2	P11	工件 5	P14
	工件 3	P12	工件 6	P15

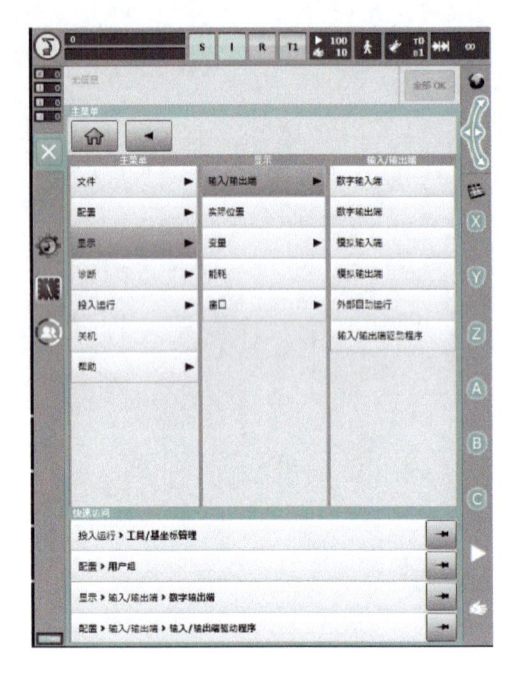

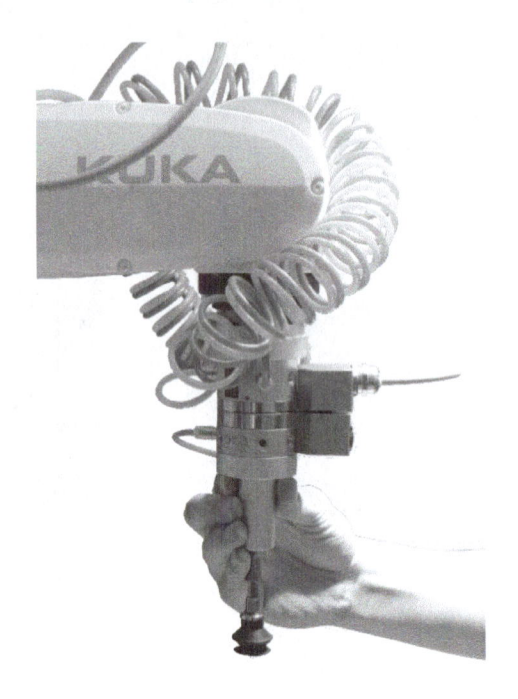

图 6-25 选择数字输出端

图 6-26 手动安装吸盘

3. 示教编程

示教 16 个坐标点，其中 P1、P2、P9 点位于距离码垛块稍远的正上方，P3~P8、P10~P15 点为几乎接触到或已接触到码垛块正中心的垂直正上方。要求是吸盘可以准确吸取、搬运和准确放下，然后建立码垛全程程序，并参考项目二完成工具坐标系和工件坐标系的建立。

码垛程序编制的步骤见表 6-2。

表 6-2　码垛程序编制的步骤

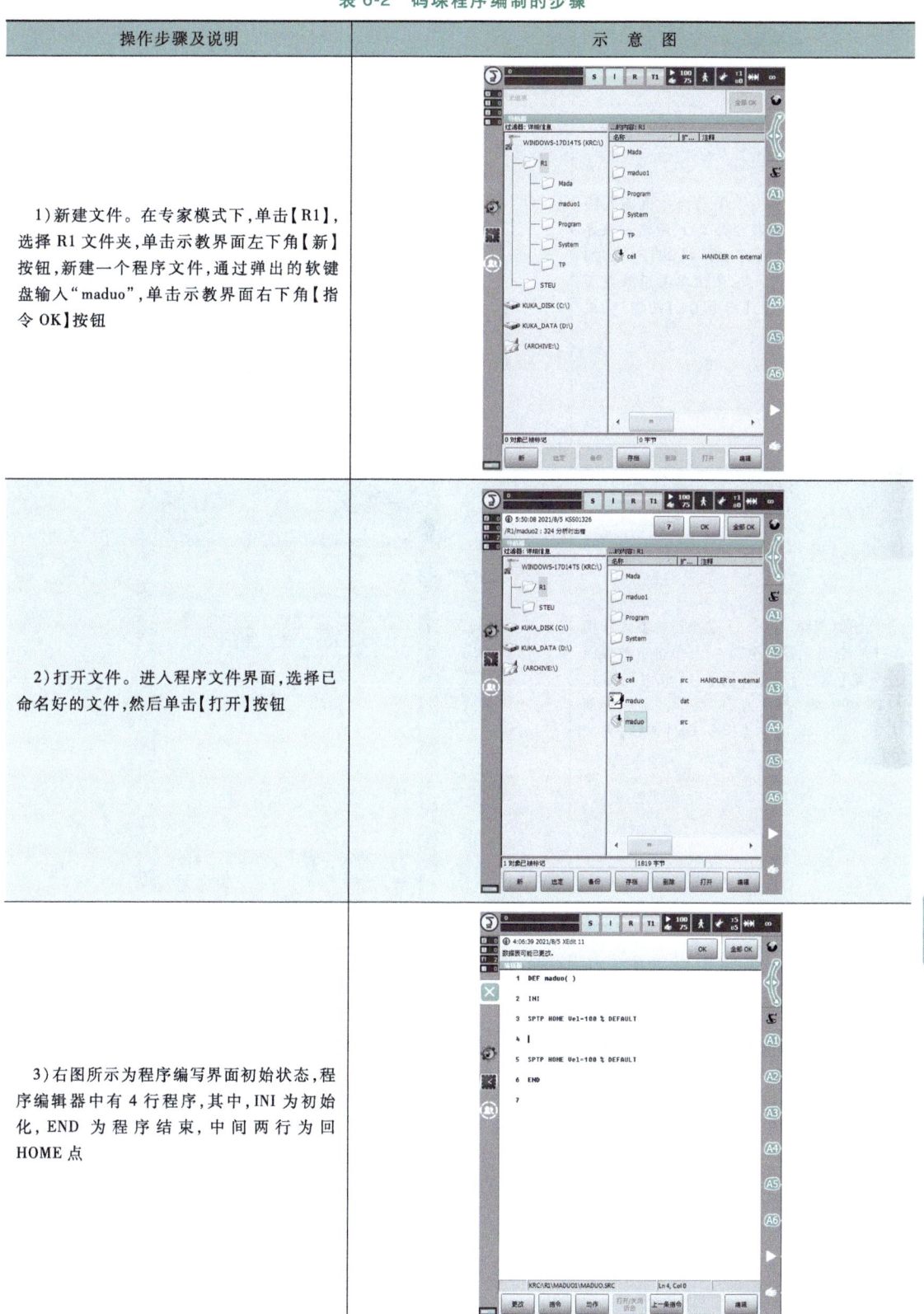

操作步骤及说明	示　意　图
1）新建文件。在专家模式下，单击【R1】，选择 R1 文件夹，单击示教界面左下角【新】按钮，新建一个程序文件，通过弹出的软键盘输入"maduo"，单击示教界面右下角【指令 OK】按钮	
2）打开文件。进入程序文件界面，选择已命名好的文件，然后单击【打开】按钮	
3）右图所示为程序编写界面初始状态，程序编辑器中有 4 行程序，其中，INI 为初始化，END 为程序结束，中间两行为回 HOME 点	

（续）

操作步骤及说明	示　意　图
4）添加 SPTP 指令。手动操作机器人移动到 P1 点，将光标移至第 3 行，单击示教界面左下角【指令】→【运动】→【SPTP】，添加 SPTP 指令，设为 P1 点，依次单击示教界面右下角【Touch Up】、【指令 OK】按钮，完成 P1 点示教	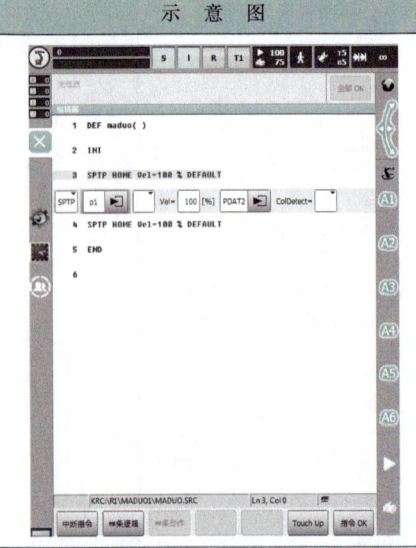
5）添加 SLIN 指令。手动操作机器人移动到 P3 点，将光标移至第 4 行，单击示教界面左下角【指令】→【运动】→【SLIN】，添加 SLIN 指令，设为 P3 点，依次单击示教界面右下角【Touch Up】、【指令 OK】按钮，完成 P3 点示教	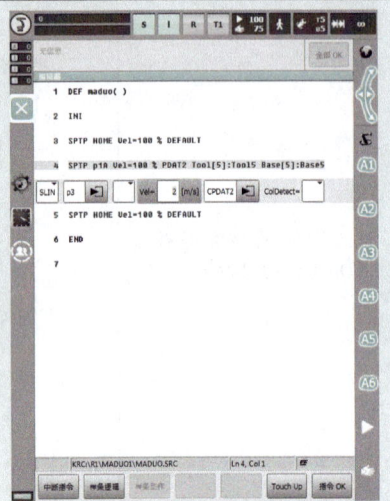
6）添加 OUT 逻辑指令。将光标移至程序第 5 行，单击示教界面左下角【指令】，依次选择【逻辑】→【OUT】→【OUT】指令，将输出端（OUT）编号改为 6，输出接通状态（State）改为 TRUE，取消 CONT，单击示教界面右下角【指令 OK】按钮	

(续)

操作步骤及说明	示　意　图
7)添加 WAIT 逻辑指令。为确保吸盘可以可靠吸附工件,添加 WAIT 逻辑指令。将光标移至程序第 6 行,单击示教界面左下角【指令】,依次单击【逻辑】→【WAIT】指令,将时间(Time)设为 2s,单击示教界面右下角【指令 OK】按钮	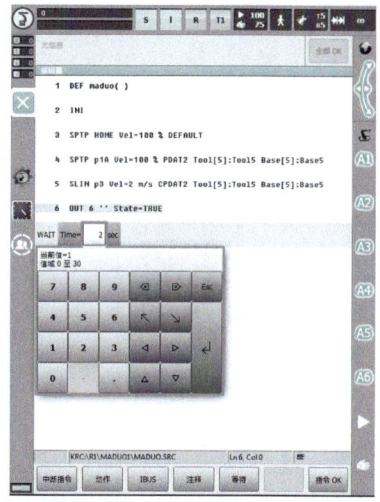
8)添加 SLIN 指令。将光标移至第 7 行,单击示教界面左下角【指令】→【运动】→【SLIN】,添加 SLIN 指令,设为 P1 点,依次单击示教界面右下角【Touch Up】、【指令 OK】按钮	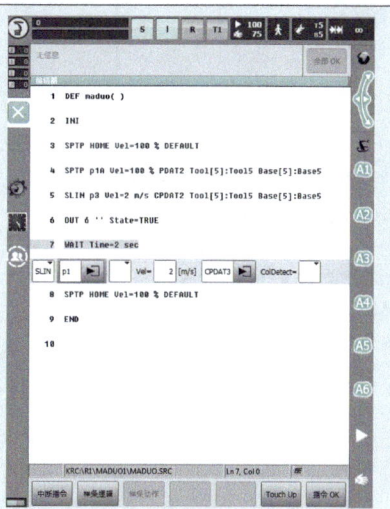
9)添加 SPTP 指令。手动操作机器人移动到 P9 点,将光标移至第 8 行,单击示教界面左下角【指令】→【运动】→【SPTP】,添加 SPTP 指令,设为 P9 点,依次单击示教界面右下角【Touch Up】、【指令 OK】按钮	

(续)

操作步骤及说明	示 意 图
10）添加 SLIN 指令。手动操作机器人移动到 P10 点，将光标移至第 9 行，单击示教界面左下角【指令】→【运动】→【SLIN】，添加 SLIN 指令，设为 P10 点，依次单击示教界面右下角【Touch Up】、【指令 OK】按钮	
11）添加 OUT 逻辑指令。将光标移至程序第 10 行，单击示教界面左下角【指令】，依次选择【逻辑】→【OUT】→【OUT】指令，将输出端（OUT）编号改为 6，输出接通状态（State）改为 FALSE，取消 CONT，单击示教界面右下角【指令 OK】按钮	
12）添加 SPTP 指令。将光标移至第 11 行，单击示教界面左下角【指令】→【运动】→【SPTP】，添加 SPTP 指令，设为 P9 点，依次单击示教界面右下角【Touch Up】、【指令 OK】按钮	

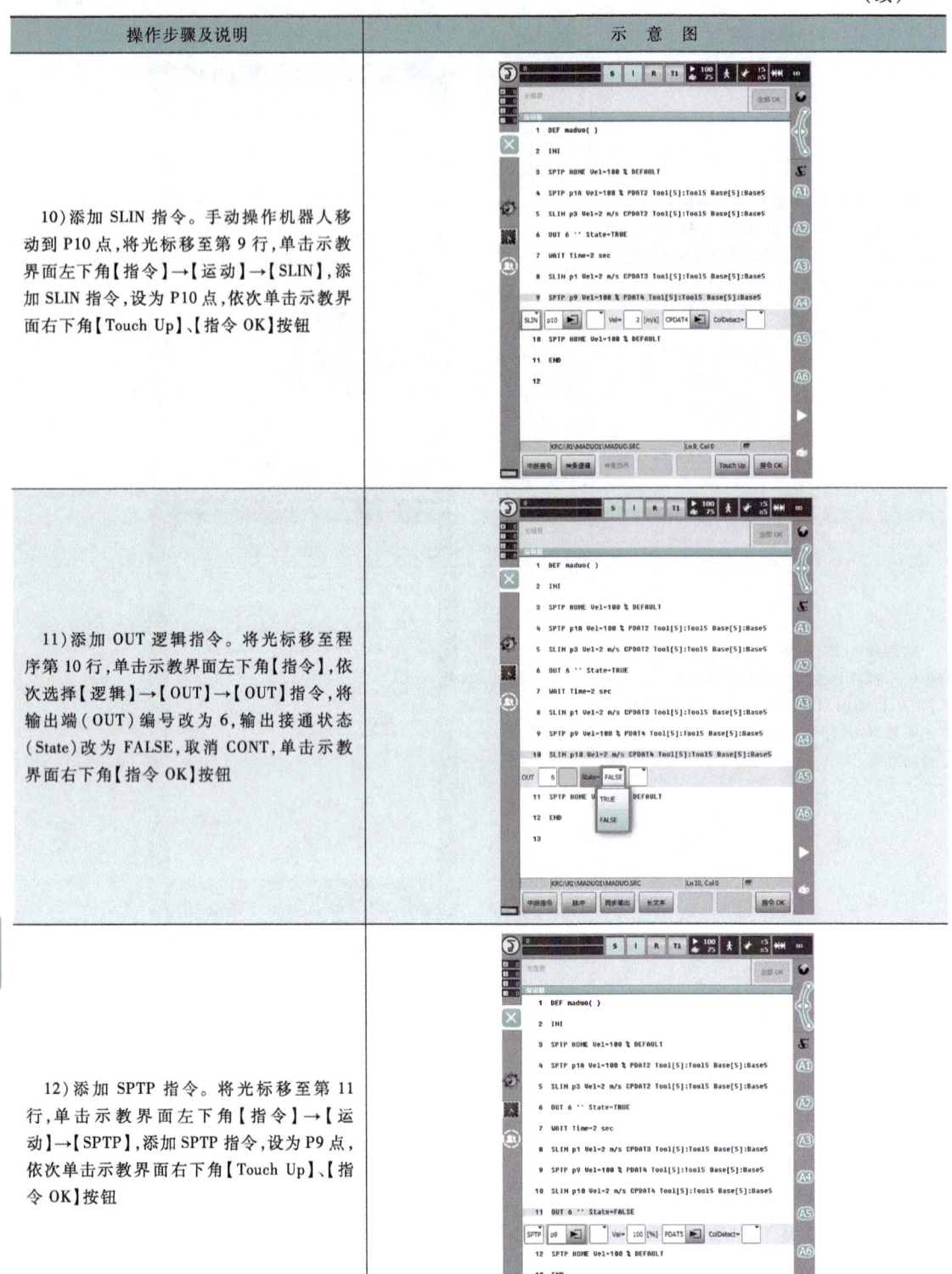

(续)

操作步骤及说明	示　意　图
13）添加 SPTP 指令。手动操作机器人移动到 P2 点，将光标移至第 12 行，单击示教界面左下角【指令】→【运动】→【SPTP】，添加 SPTP 指令，设为 P2 点，依次单击示教界面右下角【Touch Up】、【指令 OK】按钮	
14）添加 SLIN 指令。手动操作机器人移动到 P4 点，将光标移至第 13 行，单击示教界面左下角【指令】→【运动】→【SLIN】，添加 SLIN 指令，设为 P4 点，依次单击示教界面右下角【Touch Up】、【指令 OK】按钮	
15）添加 OUT 逻辑指令。将光标移至程序第 14 行，单击示教界面左下角【指令】，依次选择【逻辑】→【OUT】→【OUT】指令，将输出端（OUT）编号改为 6，输出接通状态（State）改为 TRUE，取消 CONT，单击示教界面右下角【指令 OK】按钮	

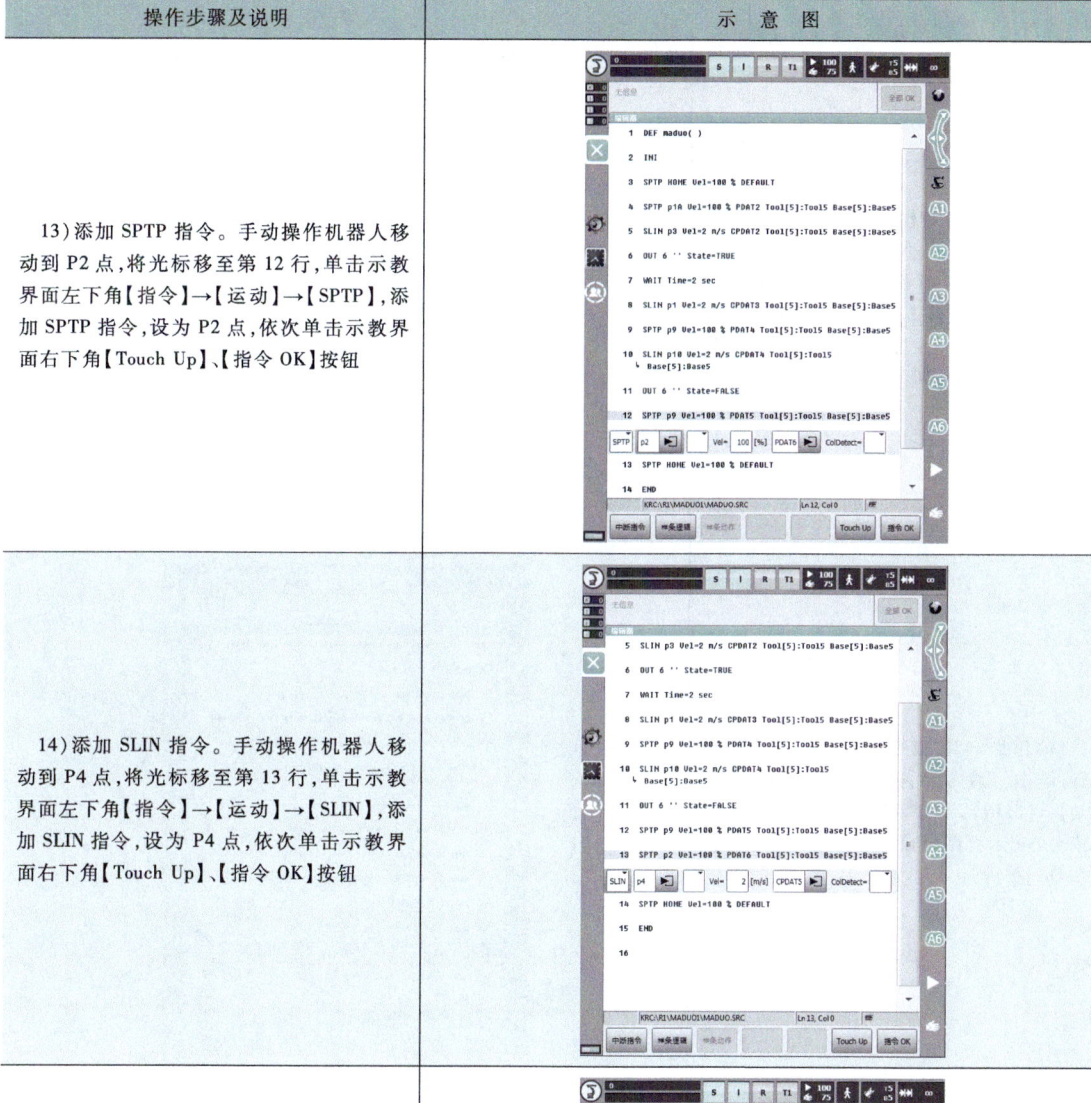

（续）

操作步骤及说明	示　意　图
16）添加 WAIT 逻辑指令。为确保吸盘可以可靠吸附工件,添加 WAIT 逻辑指令。将光标移至程序第 15 行,单击示教界面左下角【指令】,依次单击【逻辑】→【WAIT】指令,将时间(Time)设为 2s,单击示教界面右下角【指令 OK】按钮	
17）添加 SLIN 指令。将光标移至第 16 行,单击示教界面左下角【指令】→【运动】→【SLIN】,添加 SLIN 指令,设为 P2 点,依次单击示教界面右下角【Touch Up】、【指令 OK】按钮	
18）添加 SPTP 指令。将光标移至第 17 行,单击示教界面左下角【指令】→【运动】→【SPTP】,添加 SPTP 指令,设为 P9 点,依次单击示教界面右下角【Touch Up】、【指令 OK】按钮	

（续）

操作步骤及说明	示　意　图
19）添加 SLIN 指令。手动操作机器人移动到 P11 点，将光标移至第 18 行，单击示教界面左下角【指令】→【运动】→【SLIN】，添加 SLIN 指令，设为 P11 点，依次单击示教界面右下角【Touch Up】、【指令 OK】按钮	
20）添加 OUT 逻辑指令。将光标移至程序第 19 行，单击示教界面左下角【指令】，依次选择【逻辑】→【OUT】→【OUT】指令，将输出端（OUT）编号改为 6，输出接通状态（State）改为 FALSE，取消 CONT，单击示教界面右下角【指令 OK】按钮	
21）添加 SPTP 指令。将光标移至第 20 行，单击示教界面左下角【指令】→【运动】→【SPTP】，添加 SPTP 指令，设为 P9 点，依次单击示教界面右下角【Touch Up】、【指令 OK】按钮	

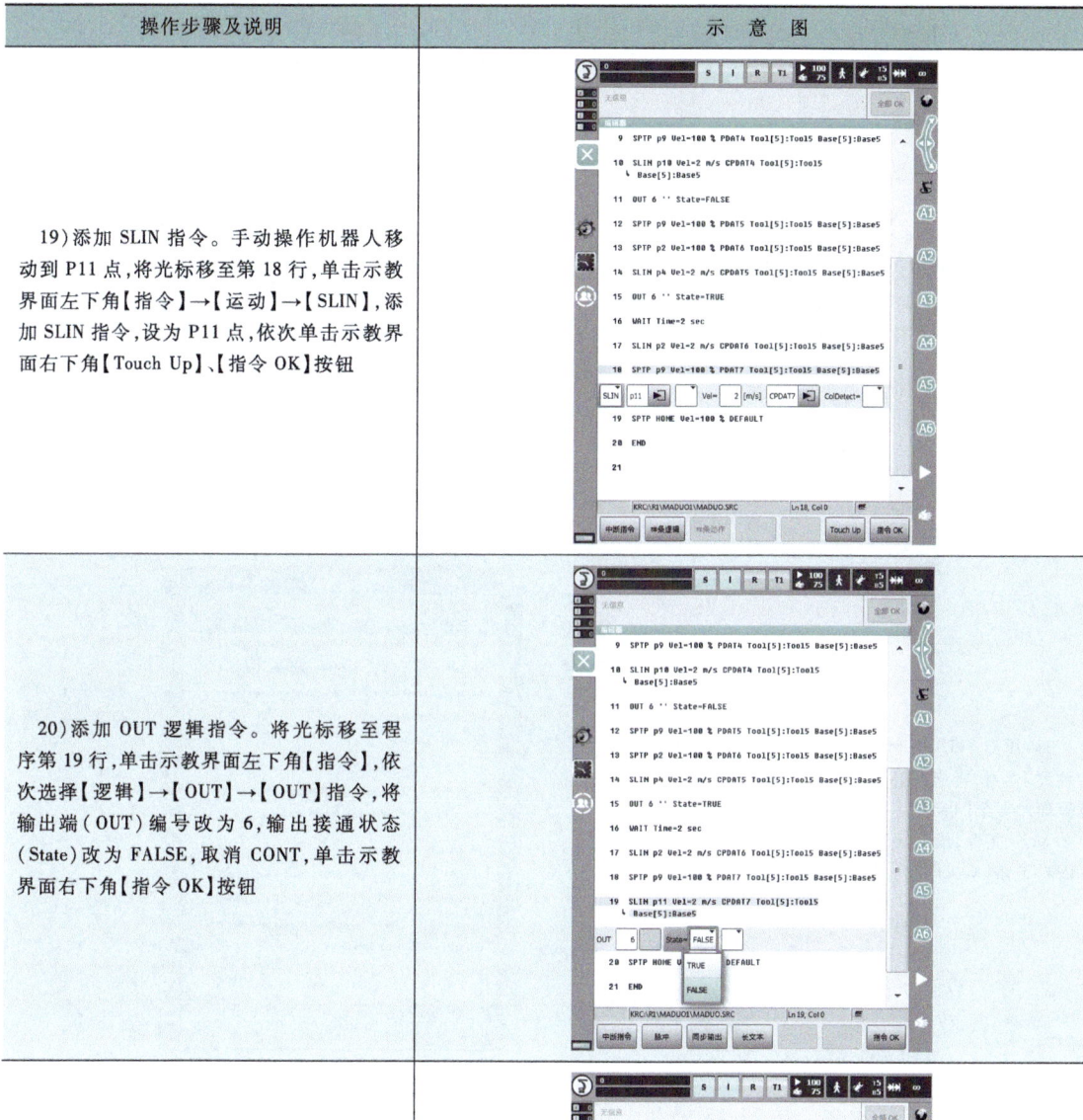

(续)

操作步骤及说明	示　意　图
22）添加 SPTP 指令。将光标移至第 21 行，单击示教界面左下角【指令】→【运动】→【SPTP】，添加 SPTP 指令，设为 P1 点，依次单击示教界面右下角【Touch Up】、【指令 OK】按钮	
23）添加 SLIN 指令。手动操作机器人移动到 P5 点，将光标移至第 22 行，单击示教界面左下角【指令】→【运动】→【SLIN】，添加 SLIN 指令，设为 P5 点，依次单击示教界面右下角【Touch Up】、【指令 OK】按钮	
24）添加 OUT 逻辑指令。将光标移至程序第 23 行，单击示教界面左下角【指令】，依次选择【逻辑】→【OUT】→【OUT】指令，将输出端（OUT）编号改为 6，输出接通状态（State）改为 TRUE，取消 CONT，单击示教界面右下角【指令 OK】按钮	

（续）

操作步骤及说明	示 意 图
25）添加 WAIT 逻辑指令。为确保吸盘可以可靠吸附工件，添加 WAIT 逻辑指令。将光标移至程序第 24 行，单击示教界面左下角【指令】，依次单击【逻辑】→【WAIT】指令，将时间（Time）设为 2s，单击示教界面右下角【指令 OK】按钮	
26）添加 SLIN 指令。将光标移至第 25 行，单击示教界面左下角【指令】→【运动】→【SLIN】，添加 SLIN 指令，设为 P1 点，依次单击示教界面右下角【Touch Up】、【指令 OK】按钮，完成 P1 点示教	
27）添加 SPTP 指令。将光标移至第 26 行，单击示教界面左下角【指令】→【运动】→【SPTP】，添加 SPTP 指令，设为 P9 点，依次单击示教界面右下角【Touch Up】、【指令 OK】按钮	

（续）

操作步骤及说明	示意图
28）添加 SLIN 指令。手动操作机器人移动到 P12 点，将光标移至第 27 行，单击示教界面左下角【指令】→【运动】→【SLIN】，添加 SLIN 指令，设为 P12 点，依次单击示教界面右下角【Touch Up】、【指令 OK】按钮	
29）添加 OUT 逻辑指令。将光标移至程序第 28 行，单击示教界面左下角【指令】，依次选择【逻辑】→【OUT】→【OUT】指令，将输出端（OUT）编号改为 6，输出接通状态（State）改为 FALSE，取消 CONT，单击示教界面右下角【指令 OK】按钮	
30）添加 SPTP 指令。将光标移至第 29 行，单击示教界面左下角【指令】→【运动】→【SPTP】，添加 SPTP 指令，设为 P9 点，依次单击示教界面右下角【Touch Up】、【指令 OK】按钮	

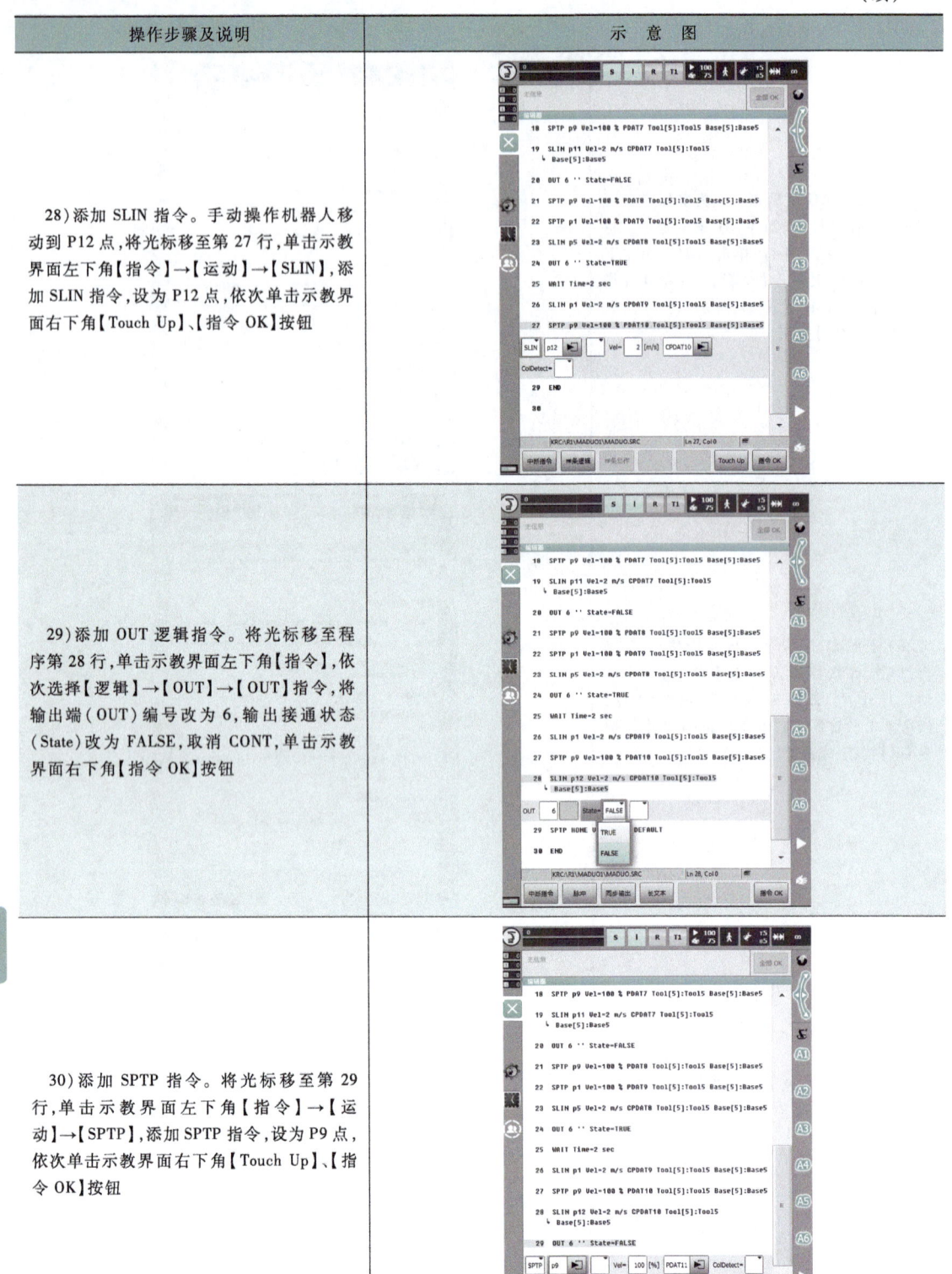

（续）

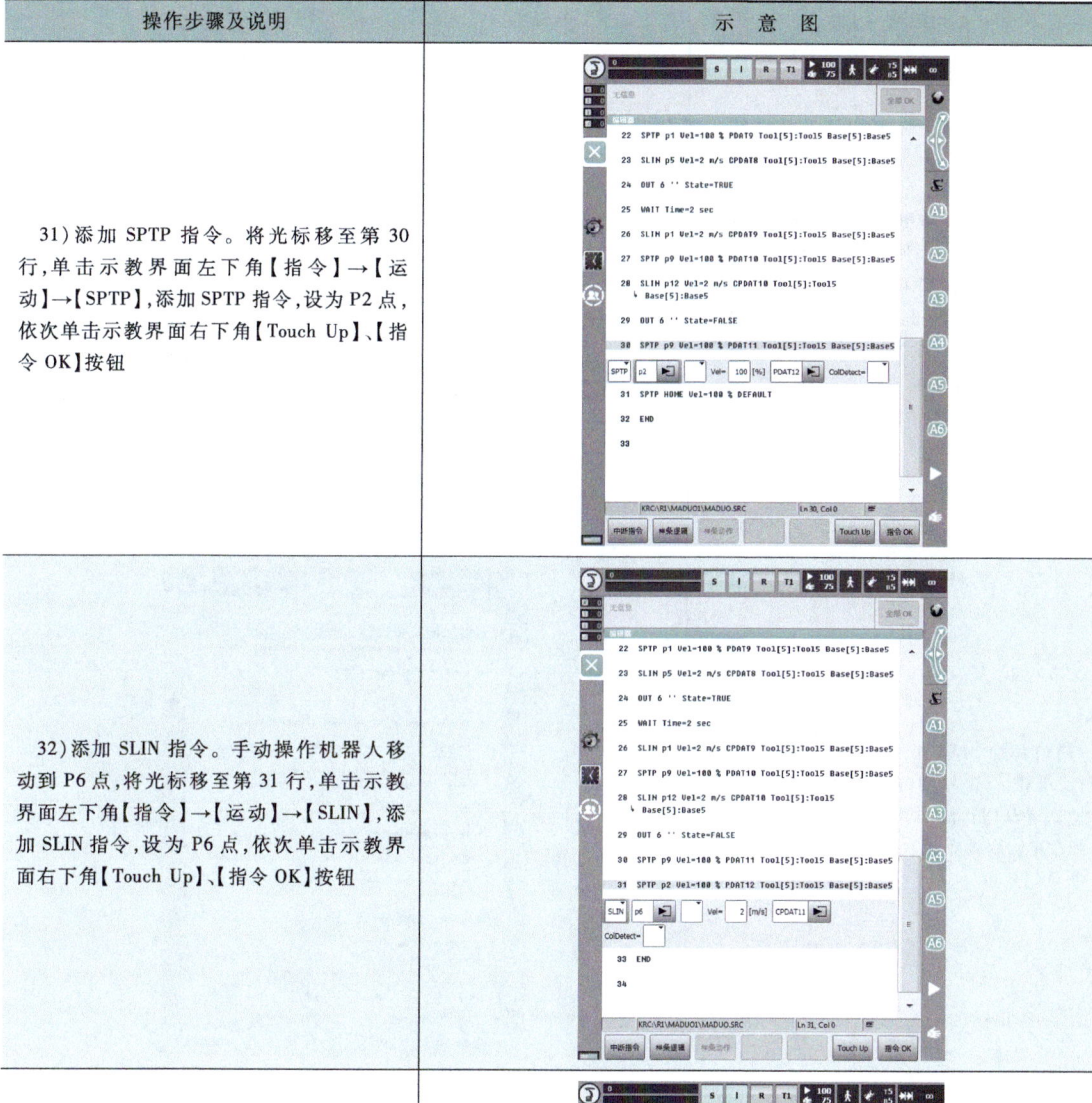

操作步骤及说明	示　意　图
31）添加 SPTP 指令。将光标移至第 30 行，单击示教界面左下角【指令】→【运动】→【SPTP】，添加 SPTP 指令，设为 P2 点，依次单击示教界面右下角【Touch Up】、【指令 OK】按钮	
32）添加 SLIN 指令。手动操作机器人移动到 P6 点，将光标移至第 31 行，单击示教界面左下角【指令】→【运动】→【SLIN】，添加 SLIN 指令，设为 P6 点，依次单击示教界面右下角【Touch Up】、【指令 OK】按钮	
33）添加 OUT 逻辑指令。将光标移至程序第 32 行，单击示教界面左下角【指令】，依次选择【逻辑】→【OUT】→【OUT】指令，将输出端（OUT）编号改为 6，输出接通状态（State）改为 TRUE，取消 CONT，单击示教界面右下角【指令 OK】按钮	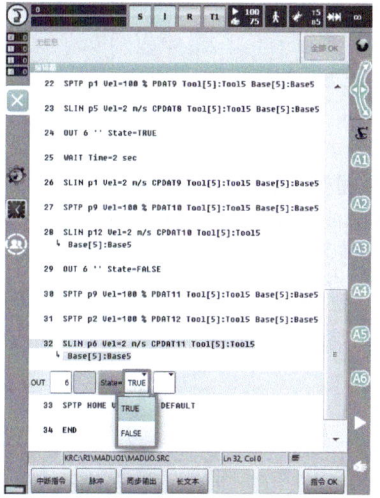

（续）

操作步骤及说明	示 意 图
34）添加 WAIT 逻辑指令。为确保吸盘可以可靠吸附工件，添加 WAIT 逻辑指令。将光标移至程序第 33 行，单击示教界面左下角【指令】，依次单击【逻辑】→【WAIT】指令，将时间（Time）设为 2s，单击示教界面右下角【指令 OK】按钮	
35）添加 SLIN 指令。将光标移至第 34 行，单击示教界面左下角【指令】→【运动】→【SLIN】，添加 SLIN 指令，设为 P2 点，依次单击示教界面右下角【Touch Up】、【指令 OK】按钮	
36）添加 SPTP 指令。将光标移至第 35 行，单击示教界面左下角【指令】→【运动】→【SPTP】，添加 SPTP 指令，设为 P9 点，依次单击示教界面右下角【Touch Up】、【指令 OK】按钮	

(续)

操作步骤及说明	示　意　图
37) 添加 SLIN 指令。手动操作机器人移动到 P13 点,将光标移至第 36 行,单击示教界面左下角【指令】→【运动】→【SLIN】,添加 SLIN 指令,设为 P13 点,依次单击示教界面右下角【Touch Up】、【指令 OK】按钮	
38) 添加 OUT 逻辑指令。将光标移至程序第 37 行,单击示教界面左下角【指令】,依次选择【逻辑】→【OUT】→【OUT】指令,将输出端(OUT)编号改为 6,输出接通状态(State)改为 FALSE,取消 CONT,单击示教界面右下角【指令 OK】按钮	
39) 添加 SPTP 指令。将光标移至第 38 行,单击示教界面左下角【指令】→【运动】→【SPTP】,添加 SPTP 指令,设为 P9 点,依次单击示教界面右下角【Touch Up】、【指令 OK】按钮	

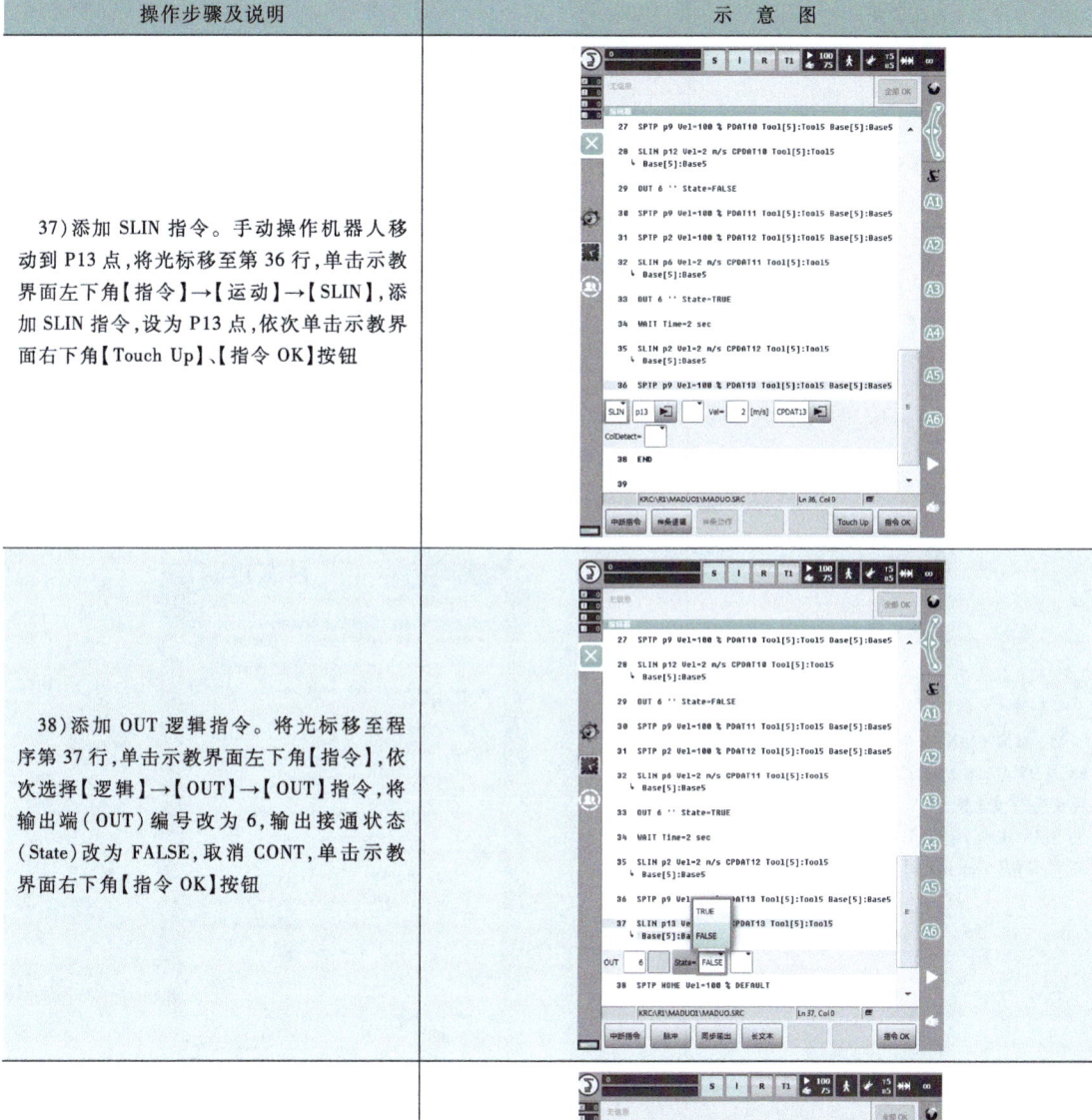

（续）

操作步骤及说明	示　意　图
40）添加 SPTP 指令。将光标移至第 39 行，单击示教界面左下角【指令】→【运动】→【SPTP】，添加 SPTP 指令，设为 P1 点，依次单击示教界面右下角【Touch Up】、【指令 OK】按钮	
41）添加 SLIN 指令。手动操作机器人移动到 P7 点，将光标移至第 40 行，单击示教界面左下角【指令】→【运动】→【SLIN】，添加 SLIN 指令，设为 P7 点，依次单击示教界面右下角【Touch Up】、【指令 OK】按钮	
42）添加 OUT 逻辑指令。将光标移至程序第 41 行，单击示教界面左下角【指令】，依次选择【逻辑】→【OUT】→【OUT】指令，将输出端（OUT）编号改为 1，输出接通状态（State）改为 TRUE，取消 CONT，单击示教界面右下角【指令 OK】按钮	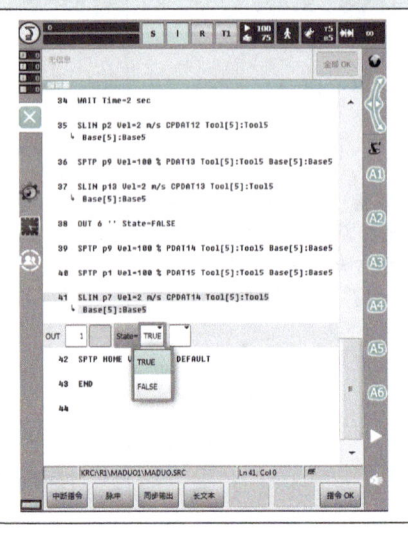

项目六 工业机器人码垛应用编程

（续）

操作步骤及说明	示　意　图
43）添加 WAIT 逻辑指令。为确保吸盘可以可靠吸附工件，添加 WAIT 逻辑指令。将光标移至程序第 42 行，单击示教界面左下角【指令】，依次单击【逻辑】→【WAIT】指令，将时间（Time）设为 2s，单击示教界面右下角【指令 OK】按钮	
44）添加 SLIN 指令。将光标移至第 43 行，单击示教界面左下角【指令】→【运动】→【SLIN】，添加 SLIN 指令，设为 P1 点，依次单击示教界面右下角【Touch Up】、【指令 OK】按钮	
45）添加 SPTP 指令。将光标移至第 44 行，单击示教界面左下角【指令】→【运动】→【SPTP】，添加 SPTP 指令，设为 P9 点，依次单击示教界面右下角【Touch Up】、【指令 OK】按钮	

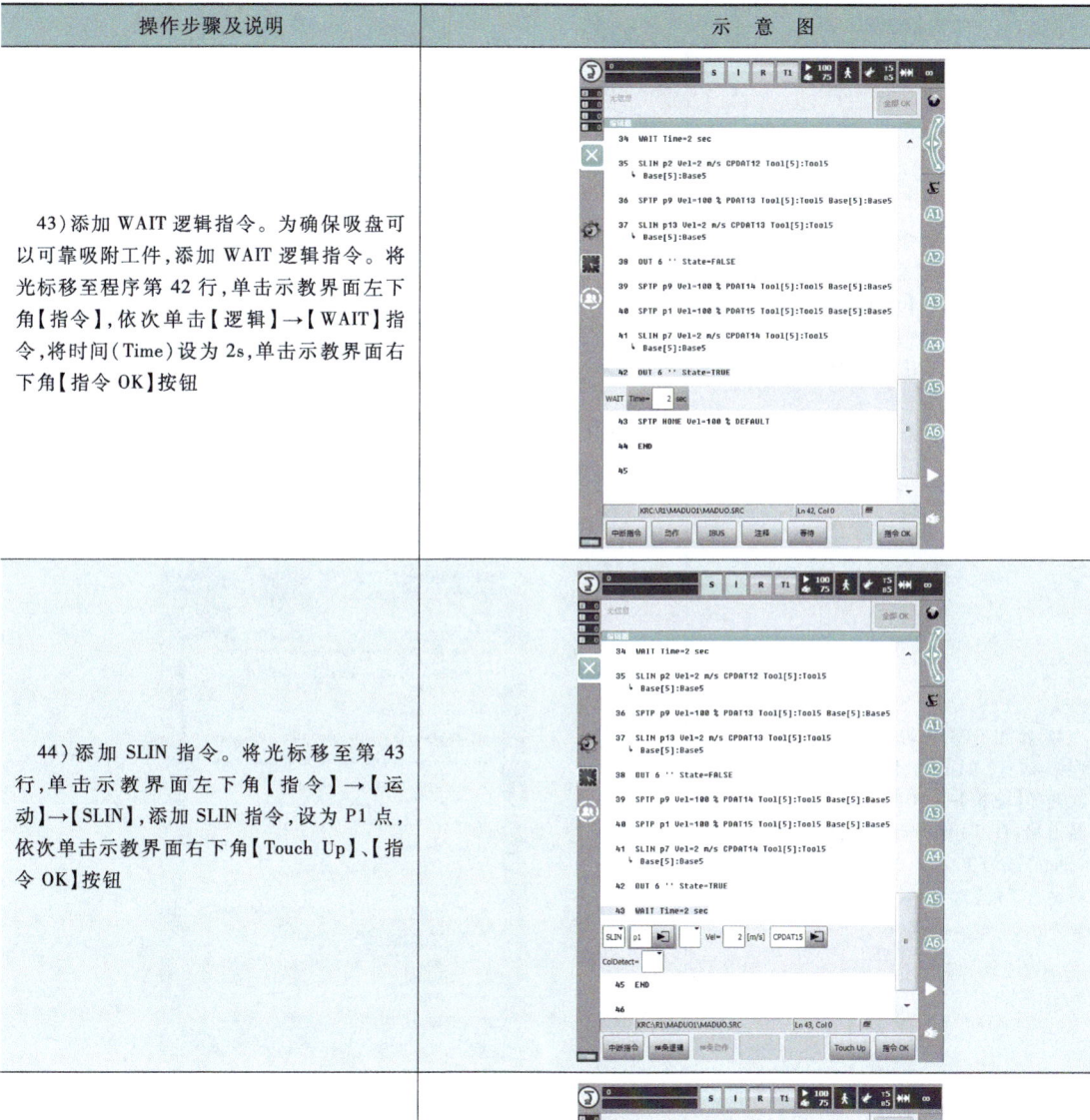

（续）

操作步骤及说明	示　意　图
46）添加 SLIN 指令。手动操作机器人移动到 P14，将光标移至第 45 行，单击示教界面左下角【指令】→【运动】→【SLIN】，添加 SLIN 指令，设为 P14 点，依次单击示教界面右下角【Touch Up】、【指令 OK】按钮	
47）添加 OUT 逻辑指令。将光标移至程序第 46 行，单击示教界面左下角【指令】，依次选择【逻辑】→【OUT】→【OUT】指令，将输出端（OUT）编号改为 6，输出接通状态（State）改为 FALSE，取消 CONT，单击示教界面右下角【指令 OK】按钮	
48）添加 SPTP 指令。将光标移至第 47 行，单击示教界面左下角【指令】→【运动】→【SPTP】，添加 SPTP 指令，设为 P9 点，依次单击示教界面右下角【Touch Up】、【指令 OK】按钮	

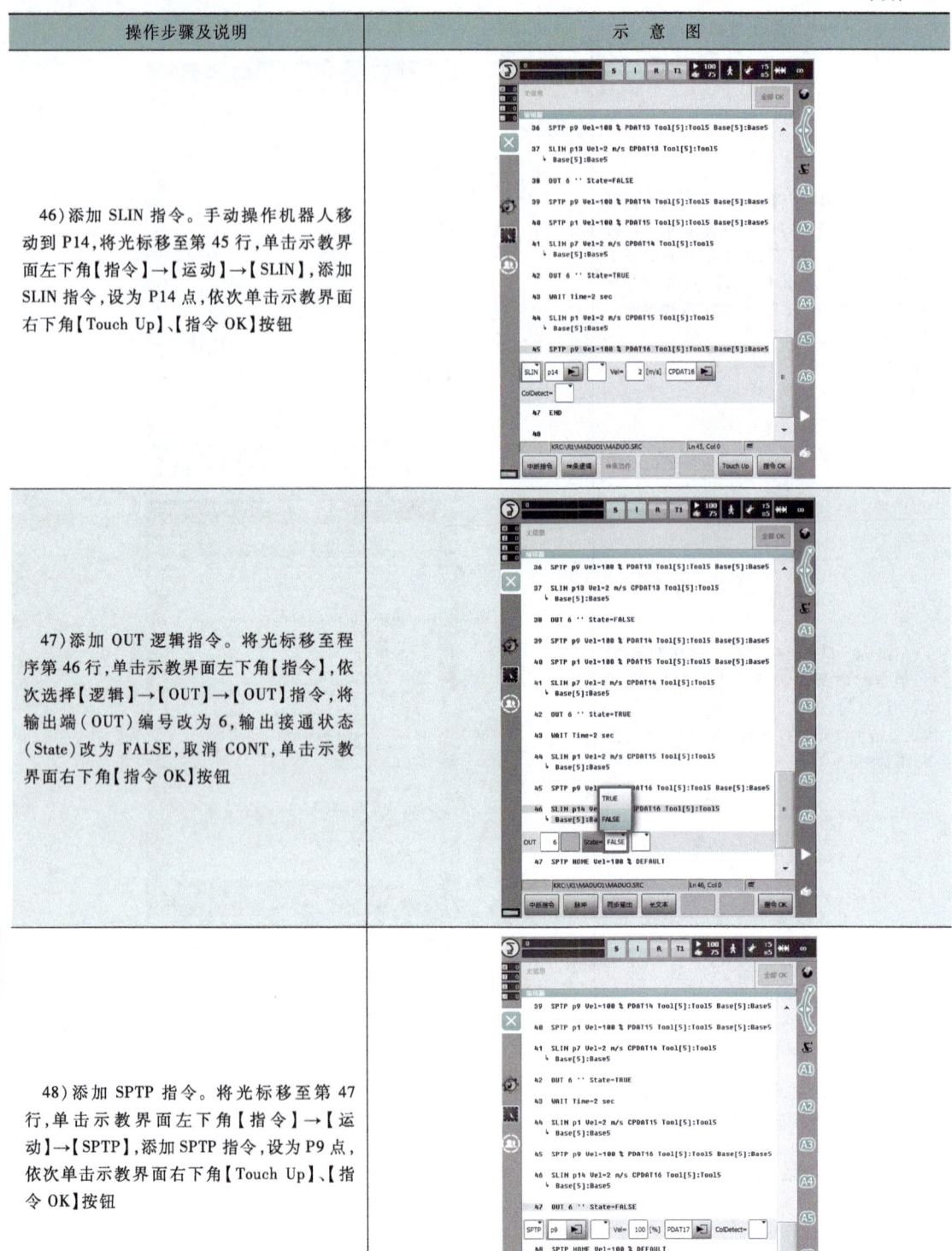

（续）

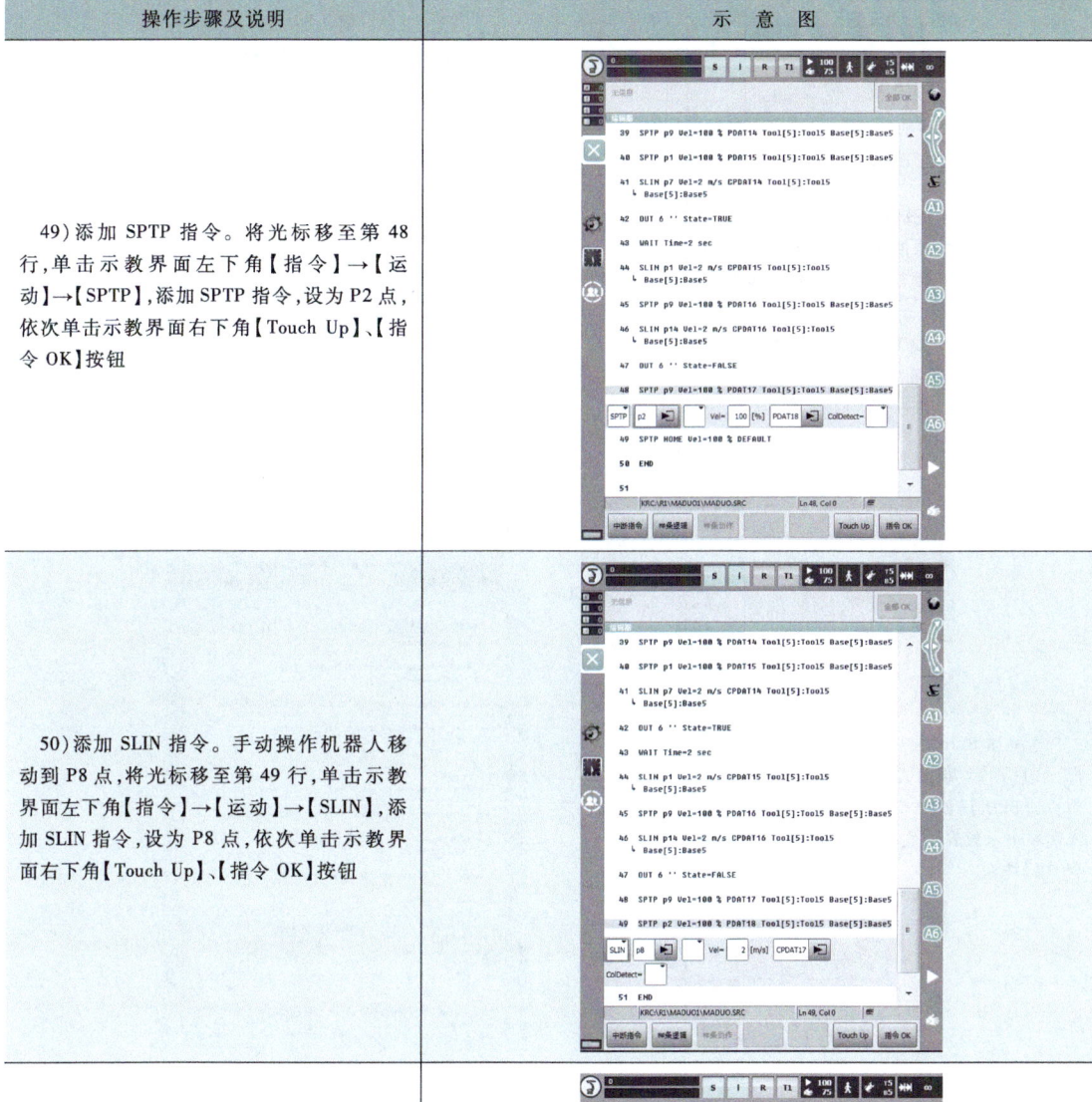

操作步骤及说明	示 意 图
49）添加 SPTP 指令。将光标移至第 48 行，单击示教界面左下角【指令】→【运动】→【SPTP】，添加 SPTP 指令，设为 P2 点，依次单击示教界面右下角【Touch Up】、【指令 OK】按钮	
50）添加 SLIN 指令。手动操作机器人移动到 P8 点，将光标移至第 49 行，单击示教界面左下角【指令】→【运动】→【SLIN】，添加 SLIN 指令，设为 P8 点，依次单击示教界面右下角【Touch Up】、【指令 OK】按钮	
51）添加 OUT 逻辑指令。将光标移至程序第 50 行，单击示教界面左下角【指令】，依次选择【逻辑】→【OUT】→【OUT】指令，将输出端（OUT）编号改为 6，输出接通状态（State）改为 TRUE，取消 CONT，单击示教界面右下角【指令 OK】按钮	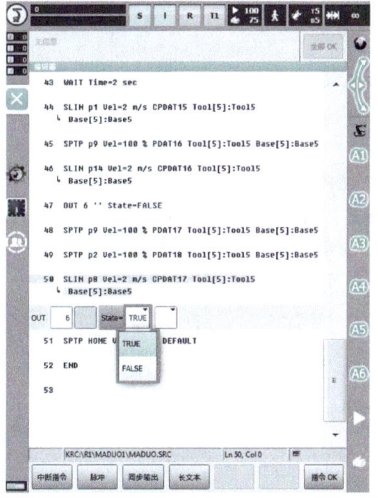

项目六 工业机器人码垛应用编程

137

(续)

操作步骤及说明	示　意　图
52）添加 WAIT 逻辑指令。为确保吸盘可以可靠吸附工件，添加 WAIT 逻辑指令。将光标移至程序第 51 行，单击示教界面左下角【指令】，依次单击【逻辑】→【WAIT】指令，将时间（Time）设为 2s，单击示教界面右下角【指令 OK】按钮	
53）添加 SLIN 指令。将光标移至第 52 行，单击示教界面左下角【指令】→【运动】→【SLIN】，添加 SLIN 指令，设为 P2 点，依次单击示教界面右下角【Touch Up】、【指令 OK】按钮	
54）添加 SPTP 指令。将光标移至第 53 行，单击示教界面左下角【指令】→【运动】→【SPTP】，添加 SPTP 指令，设为 P9 点，依次单击示教界面右下角【Touch Up】、【指令 OK】按钮	

(续)

操作步骤及说明	示 意 图
55）添加 SLIN 指令。手动操作机器人移动到 P15 点，将光标移至第 54 行，单击示教界面左下角【指令】→【运动】→【SLIN】，添加 SLIN 指令，设为 P15 点，依次单击示教界面右下角【Touch Up】、【指令 OK】按钮	
56）添加 OUT 逻辑指令。将光标移至程序第 55 行，单击示教界面左下角【指令】，依次选择【逻辑】→【OUT】→【OUT】指令，将输出端（OUT）编号改为 6，输出接通状态（State）改为 FALSE，取消 CONT，单击示教界面右下角【指令 OK】按钮	
57）添加 SPTP 指令。将光标移至第 56 行，单击示教界面左下角【指令】→【运动】→【SPTP】，添加 SPTP 指令，设为 P9 点，依次单击示教界面右下角【Touch Up】、【指令 OK】按钮	

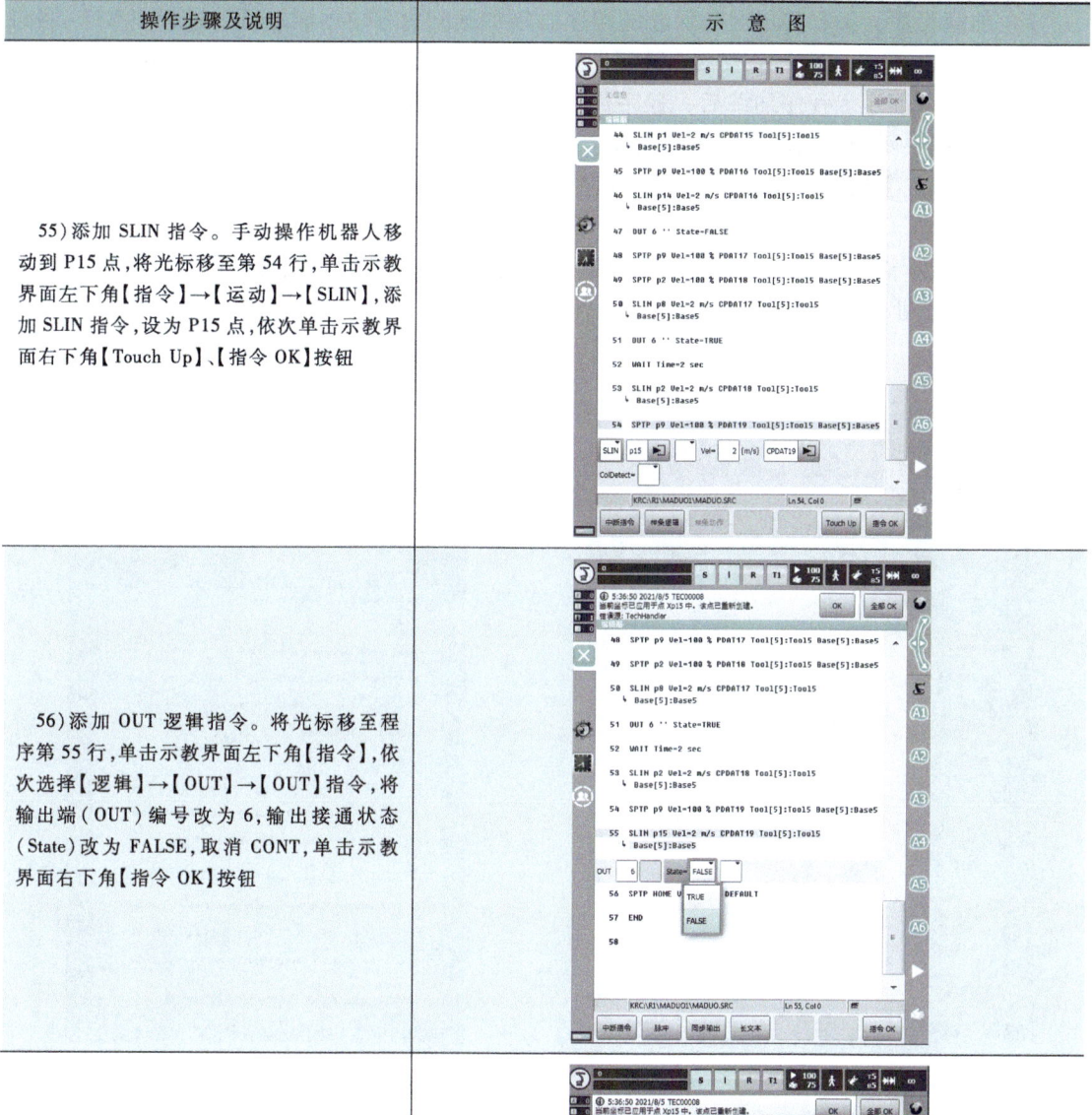

4. 程序调试与运行

1) 加载程序。编程完成后，保存的程序必须加载到内存中才能运行，选择"R1"目录下的"maduo"程序，单击示教器下方【打开】按钮，完成程序的加载，如图6-27所示。

2) 试运行程序。程序加载后，程序执行的蓝色指示箭头位于初始行。使示教器白色确认开关保持在中间档，然后按住示教器左侧绿色三角形正向运行键，状态栏中"R"和程序内部运行状态文字说明为绿色，则表示程序开始试运行，蓝色指示箭头依次下移，如图6-28所示。

当蓝色指示箭头移至第3行SPTP指令行时，弹出"BCO"提示信息，单击【OK】或【全部OK】按钮，继续试运行程序，如图6-29所示。

图 6-28　程序开始试运行

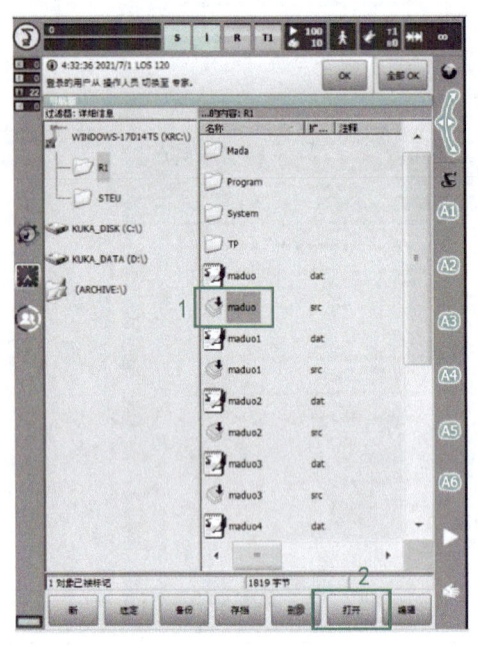

图 6-27　加载程序

图 6-29　"BCO"提示信息

3) 自动运行程序。经过试运行确保程序无误后，方可自动运行程序。自动运行程序操作步骤如下：

① 加载程序。

② 手动操作程序直至程序提示"BCO"信息。

③ 利用连接管理器切换运行方式。将运行方式选择开关转动到"锁紧"位置，弹出运行模式，选择"AUT"（自动运行）模式；再将运行方式选择开关转动到"开锁"位置，此时示教器顶端的状态栏中的"T1"改为"AUT"。

④ 为安全起见，降低机器人自动运行速度，在第一次运行程序时，建议将程序调节量设定为10%。

⑤ 单击示教器左侧蓝色三角形正向运行键，程序自动运行，机器人自动完成码垛任务。

4) 码垛结果如图6-4所示。

知识拓展

一、码垛机器人存在的问题

1. 码垛能力

码垛机器人的工作能力与其机械结构、工作空间和灵活性有关。笨重复杂的机械结构必然导致机器人的灵活性大大下降。目前，国内外码垛机器人多为采用两个并联平行四边形机构控制腕部摆动的关节型机器人。这样取消了腕部电动机，减少了一个关节的控制，同时平行四边形机构起到平衡作用，但机器人前大臂、后大臂以及小臂构成的四边形限制了末端执行器工作空间的提升，而且四连杆机构增加了机器人本体结构的复杂性和重量，降低了机器人运动的灵活性，必然会影响工作效率。

解决方案：①采用优化设计的模块化、可重构化机械结构；②取消并联平行四边形的机构型式，采用集成式模块化关节驱动系统，将伺服电动机、减速器和检测系统三位一体化，简化机器人本体结构；③探索新的高强度轻质材料或复合材料，进一步提高机器人的结构强度、负载和自重比；④重视产品零部件和辅助材料质量，如轴承和润滑油，努力提高零部件及配套件的设计、制造精度，从而提高机器人整体运动动作的精准性、可靠性；⑤开发多功能末端执行器，不需更换零部件，便可实现对箱类、盒类、袋类、桶类包装件以及托盘的操作；⑥将机器人本体安装在滑轨上，可进一步扩大机器人的工作空间。

2. 码垛的可靠性和稳定性

相比焊接、装配等机器人，码垛机器人只需完成抓取、码放等相对简单的工作，因此，其可靠性、稳定性比其他类型的机器人低。由于工业生产速度高，而且抓取、搬运、码放动作不断重复，要求码垛机器人具有较高的运动平稳性和重复精度，以确保不会产生过大的累积误差。

解决方案：①研究开放式、模块化控制系统，重点是基于 PC 的开放型控制器，实现机器人控制的标准化、网络化；②开发模块化、层次化、网络化的开放型控制器软件体系，提高在线编程的可操作性，重点研究离线编程的实用化，实现机器人的监控、故障诊断、安全维护以及网络通信等功能，从而提高机器人工作的可靠性和稳定性。

二、机器人在物流系统中的应用

随着科技的发展，机器人技术在物流作业过程中发挥着越来越重要的作用，将成为引领现代物流业发展趋势的重要因素。目前，机器人技术在物流系统中的应用主要集中在包装分拣、装卸搬运和无人机送货等作业环节。

1. 机器人技术在包装分拣作业中的应用

传统企业中，带有高度重复性和智能性的抓放工作一般依靠大量的人工完成，不仅给工厂增加了巨大的人工成本和管理成本，还难以保证包装的合格率，且人工的介入很容易给食品、医药带来污染，影响产品质量。机器人技术在包装领域得到了广泛的应用。尤其是食品、烟草和医药等行业的大多数生产线已实现了高度自动化，其包装作业基本由机器人来完成。机器人作业精度高、柔性好、效率高，克服了传统的机械式包装占地面积大、程序更改复杂以及耗电量大等缺点，同时避免了采用人工包装造成的劳动量大、工时多、无法保证包装质量等问题。如图 6-30 所示，拣选作业由并联机器人同时完成定位、拣选、抓取和移动等动作。如果品种多，形状各异，机器人需要带有图像识别系统和多功能机械手。机器人可通过识别系统来判断物品形状，采用与之相匹配的机械手抓取，然后放到相应的托盘上。

2. 机器人技术在装卸搬运中的应用

装卸搬运是物流系统中最基本的功能要素之一，存在于货物运输、储存、包装、加工和配送等过程中，贯穿于物流作业的始末。目前，机器人技

图 6-30 拣选生产线

术正在越来越多地被应用于物流系统的装卸搬运作业，大大提高了物流系统的效率和效益。搬运机器人的出现不仅可以充分利用工作环境的空间，提高物料的搬运能力，大大节约装卸搬运过程中的作业时间，提高装卸效率，还能减轻人类繁重的体力劳动。目前，搬运机器人已被广泛应用到工厂内部工序间的搬运、制造系统和物流系统连续的运转以及国际化大型港口的集装箱自动搬运中。尤其随着传感技术和信息技术的发展，无人搬运车（Automated Guided Vehicle，AGV）也在向智能化方向发展。图 6-31 所示为一种无人搬运车。AGV 在 20 世纪 60 年代才得到了普及应用。近年来随着现代信息技术的发展，无人搬运车获得了巨大的发展与应用，开始进入智能时代，因此也称 AGV 为智能搬运车。随着物联网技术的应用，在全自动化智能物流中心，AGV 作为物联网的一个重要组成部分，与物流系统协同作业，使智慧物流得以实现。

3. 机器人技术在无人机送货中的应用

无人机派送在国外已经形成了较为完善的操作模式，以美国亚马逊公司为例，该公司无人机投递试运行模式采用"配送车+无人机"，如图 6-32 所示，为国内的投入使用提供了参考案例。该模式主要是由无人机负责物流配送的"最后一公里"。配送车离开仓库后，只需在主干道上行走，在每个小路口停车，并派出无人机进行配送，完成配送之后无人机会自动返回配送车再执行下一个任务。我国顺丰快递在借鉴该模式的同时，根据我国自身的国情现状进行了调整，具体过程如下：

1）快递员将快件放置在无人机的机舱中，然后将无人机放在起飞位置上。

图 6-31 无人搬运车

2）快递员用顺丰配备的"巴枪"扫描无人机上的二维码，确认航班信息。

3）无人机校对无误后自动起飞，与此同时，无人机调度中心通知接收站的快递员做好接收准备。

4）无人机在接收点降落后，快递员将快件从机舱内取出，用"巴枪"扫描，确认航班到达。

5）无人机完成一次物流配送后，将自动返航。

顺丰快递的这一举措使我国物流跟上了先进国家的步伐，同时不盲从，因地制宜，抓住机会，开创了国内物流新局面。无人机的投入使用对于物流行业将是一次巨大的变革。

图 6-32 无人机送货

评价反馈

评价反馈见表 6-3。

表 6-3 评价反馈

基本素养(30 分)					
序号	评估内容	自评	互评	师评	
1	纪律(无迟到、早退、旷课)(10 分)				
2	安全规范操作(10 分)				
3	团结协作能力、沟通能力(10 分)				
理论知识(30 分)					
序号	评估内容	自评	互评	师评	
1	指令的应用(6 分)				
2	码垛工艺流程设计(6 分)				
3	对码垛能力有限解决方案的认知(6 分)				
4	对码垛可靠性和稳定性的认知(6 分)				
5	对码垛机器人在物流系统中应用的认知(6 分)				
技能操作(40 分)					
序号	评估内容	自评	互评	师评	
1	码垛轨迹规划(10 分)				
2	程序运行示教(10 分)				
3	程序校验、试运行(10 分)				
4	程序自动运行(10 分)				
综合评价					

练习与思考题

一、填空题

1. _____是指将物品整齐、规则地摆放成货垛的作业。
2. 示教器出厂时,默认的显示语言是_____。
3. 用户组(User group)里有_____,_____,_____,_____,_____等登录选项,其中,当选择_____和_____时显示语言设置栏为不可进入的灰色,没有切换语言的权限。
4. _____用于设置笛卡儿空间的点分别沿 X/Y/Z 轴方向偏移的函数。
5. 在 SWITCH 语句中,常量表达式的值必须是_____、_____或_____。

二、简答题

1. 用什么方法可以强制某一特定输入/输出端打开?
2. 码垛机器人存在什么问题?

三、编程题

将码垛模块安装在工作台指定位置,在工业机器人末端手动安装吸盘工具。按照图 6-33 所示摆放 6 块码垛工件,创建并正确命名程序,利用示教器进行现场操作编程,按下启动按钮后,工业机器人自动从工作原点开始执行码垛任务,码垛完成后工业机器人返回工作原点,码垛完成样例如图 6-4 所示(纵向单列 6 层)。

试进行工业机器人相关参数的设置和示教编程,完成 6 个工件的码垛任务并备份程序。

图 6-33 码垛工件摆放位置

项目七　工业机器人装配应用编程

学习目标

1. 掌握工业机器人程序的单步、连续等运行方式。
2. 掌握工业机器人系统程序、参数等 U 盘数据备份方法。
3. 掌握使用示教器编制装配应用程序的方法。

工作任务

一、工作任务背景

装配是生产制造业的重要环节，随着产品结构复杂程度的提高，传统装配工艺已不能满足日益增长的产量和复杂的工艺要求。装配机器人将代替传统人工装配成为装配生产线上的主要生产力，可胜任大批大量、重复性的工作，不仅能降低工人劳动负担，而且能有效提高生产率和产品质量，提高企业竞争力。KUKA 机器人在汽车装配中的应用如图 7-1 所示。

图 7-1　装配机器人

装配机器人是柔性自动化生产线的核心设备，由机器人本体、控制器、末端执行器和传感系统组成。其中，机器人本体的结构类型有水平关节型、直角坐标型、多关节型和圆柱坐标型等；控制器一般采用多 CPU 或多级计算机系统，实现运动控制和运动编程；末端执行器为适应不同的装配对象而设计成各种手爪和手腕等；传感系统用来获取装配机器人与环境和装配对象之间相互作用的信息。

装配是产品生产的后续工序，在制造业中占有重要地位，在人力、物力和财力消耗中占有很大比例。装配机器人是用于装配生产线上对零件或部件进行装配作业的工业机器人，它是集光学、机械、微电子、自动控制和通信技术于一体的产品，具有强大的功能和很高的附加值。当机器人精度高、作业稳定性好时，可用于精益工业生产过程。但是装配机器人尚存在一些亟待解决的问题，如装配操作本身比焊接、喷涂及搬运等工作复杂，装配环境要求高，装配效率低，机器人缺乏感知与自适应的控制能力，难以完成变动环境中的复杂装配，对于机器人的精度要求较高，否则经常出现装不上或"卡死"现象。

装配机器人因适应的环境不同，可以分为普及型装配机器人和精密型装配机器人。目前，我国在装配机器人方面有了很大的进步，基本掌握了机构设计制造技术，解决了控制、驱动系统设计和配置、软件设计和编制等关键技术问题，还掌握了自动化装配线及其周边配套设备的全线自动通信、协调控制技术，在基础元器件方面，谐波减速器、六轴力传感器和运动控制器等的设计制造也有了突破。

装配机器人的研究正朝着智能化和多样化的方向发展。例如，从结构上探索新的高强度轻质材料，以进一步提高负载/自重比；同时，机构进一步向着模块化、可重构方向发展；采用高转矩低速电动机直接驱动，以减小关节惯性，实现高速、精密、大负载及高可靠性。装配采用多机器人之间的协作，同一机器人双臂的协作，甚至人与机器人的协作，这些协作的顺利实现对于重型或精密装配任务非常重要。

二、所需要的设备

工业机器人装配系统涉及的主要设备包括：工业机器人应用领域一体化教学创新平台（BNRT-IRAP-KR4）、KUKA-KR4 型工业机器人本体、机器人控制器、示教器、电源、气泵、原料仓储模块、平口夹爪工具、柔轮、波发生器和轴套，如图 7-2 所示。

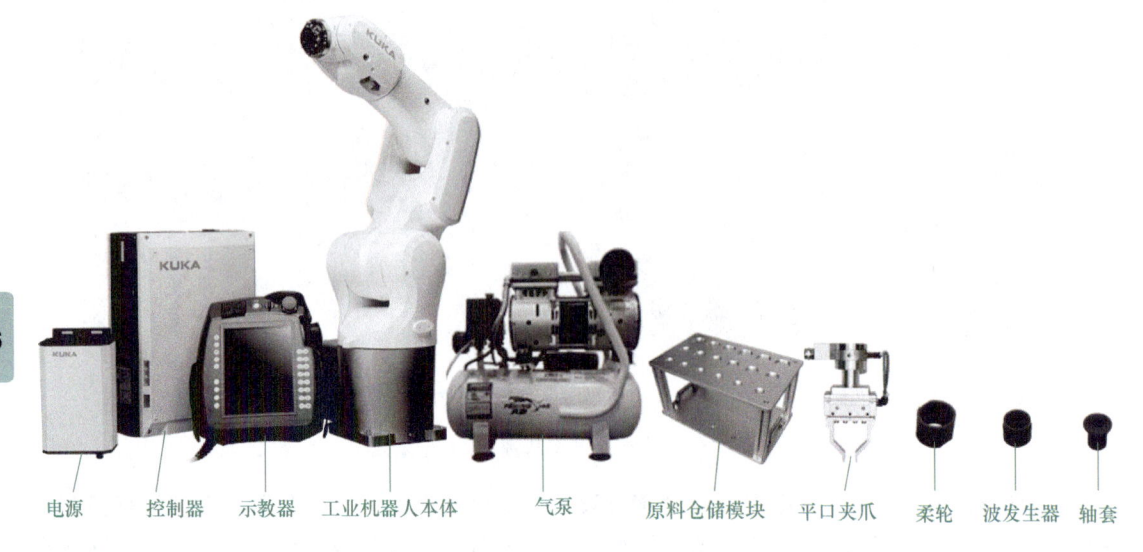

图 7-2 工业机器人装配系统

三、任务描述

以谐波减速器的装配为典型案例,手动将夹爪装配到机械臂上,由机器人去抓取轴套,并将轴套装配在波发生器上,再将轴套和波发生器组合体装配在柔轮内,完成柔轮组件的装配任务,如图 7-3 所示。

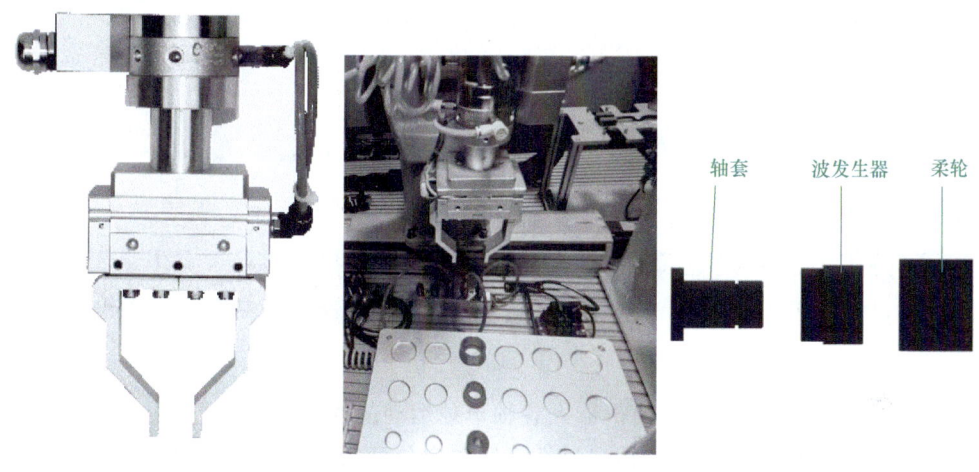

图 7-3 柔轮组件的装配

装配完成后,机器人将柔轮组件搬运到旋转供料模块上,搬运过程详见项目五。最终,机器人回到工作原点。

实践操作

一、知识准备

1. KUKA 机器人的手动操作

(1) KUKA 机器人的运动方式

1) T1(手动慢速运行):用于测量运行、编程和示教,手动慢速运行时的最大速度为 250mm/s。

2) T2(手动快速运行):用于测量运行,手动快速运行时的速度等于程序设定速度。

3) AUT(自动运行):用于不带上级控制系统(PLC)的工业机器人,自动运行时的速度等于程序设定的速度。

4) EXT(外部自动运行):用于带上级控制系统(PLC)的工业机器人,外部自动运行时的速度等于程序设定的速度。

(2) 选择运动方式的步骤 如图 7-4 所示,首先顺时针方向转动示教器运行方式选择旋钮 90°,选择运行方式界面,如图 7-5 所示;然后选择机器人的运行方式,如 T1(手动慢速运行);最后将运行方式选择旋钮逆时针方向旋转 90°,回到初始位置,机器人运行方式

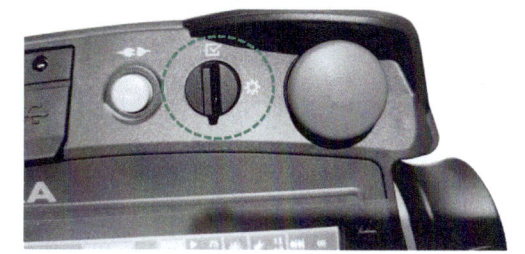

图 7-4 运行方式选择旋钮

会显示在示教器上端的状态栏中,如图7-6所示。

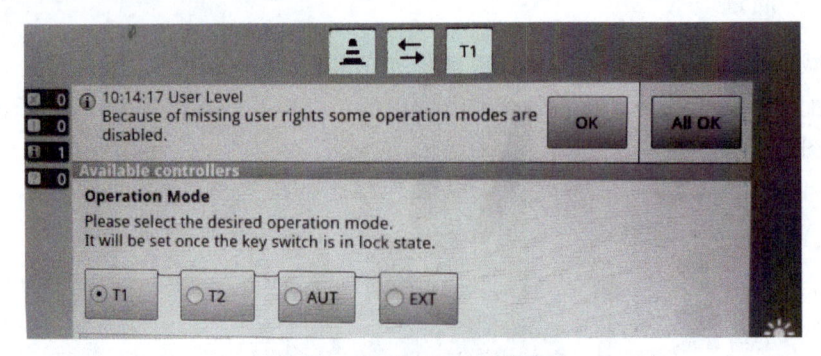

图7-5 选择运行方式界面

图7-6 运行方式显示

(3) 单轴运动的手动操作　使机器人各轴单独运动的操作步骤如下:

1) 单击示教器右侧【轴】按钮,单选按钮由白色变为绿色,如图7-7所示。

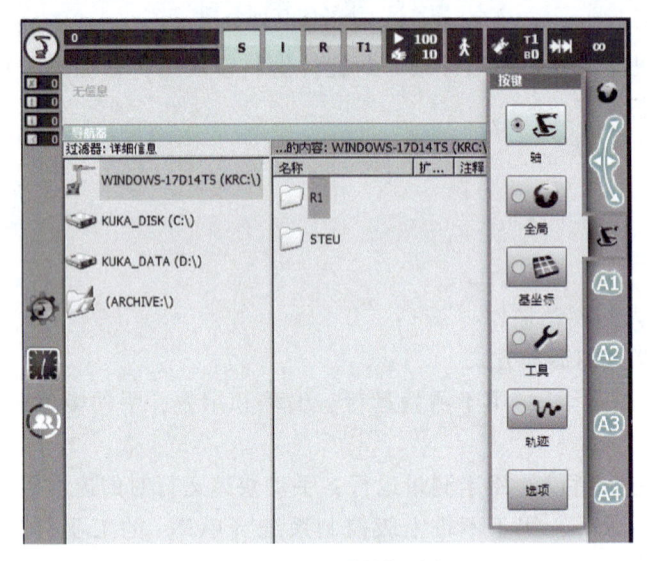

图7-7 单击【轴】按钮

2) 设置手动倍率,单击"-"按钮减小手动倍率,单击"+"按钮增大手动倍率,如图7-8所示。

图7-8 设置手动倍率

3）将示教器背面白色确认开关按至中间档位，如图 7-9 所示。

4）按压"-"或"+"按钮可使机器人关节转动，从上到下依次为 1~6 轴的转动按钮，如图 7-10 所示。

图 7-9　示教器的确认开关

图 7-10　1~6 轴的转动按钮

2. 更改运动指令

（1）更改运动指令的情形　更改运动指令的原因和待执行的更改见表 7-1。

表 7-1　更改运动指令的原因和待执行的更改

典型原因	待执行的更改
1）待抓取工件的位置变化 2）加工工件时，加工位置变化	位置数据的更改
意外使用了错误基坐标系对某个位置进行了示教	更改帧参数，带位置更新的基坐标系/工具坐标系
加工速度太慢	1）更改运动参数：速度、加速度 2）更改运动方式

（2）更改运动指令的作用

1）更改位置数据。只更改点的数据组：点获得新坐标，因为已用"Touch Up"更新了数值，旧的点坐标被覆盖。

2）更改帧参数。

① 更改帧参数（例如工具、基坐标）时，会导致发生位移，例如矢量位移。

② 机器人位置发生变化。旧的点坐标依然会被保存并有效，发生变化的仅是参照系。

③ 可能出现超出工作区的情况，因此可能无法达到某些机器人的位置。

④ 如果机器人位置保持不变，但帧参数改变，则必须在更改参数（如基坐标）后在相应的位置上用"Touch Up"更新坐标。

3）更改运动参数。更改速度或者加速度时会改变移动属性，这可能会影响加工工艺，特别是使用轨迹应用程序时。

4）更改运动方式。更改运动方式时，可能会导致发生意外，引起轨迹规划更改。

⚠警告　每次更改运动指令后都必须在低速（运动方式 T1）下测试机器人程序。立即以高速启动机器人程序，可能会出现不可预料的运动状况，从而导致机器人系统和整套设备损坏。如果有人位于危险区域，可能会造成重伤。

（3）更改运动的相关操作　更改运动的相关操作见表 7-2。

表 7-2 更改运动的相关操作

项目	操作
更改位置	1）设置运行方式 T1,将光标放在要改变的指令行里 2）将机器人移到目标位置 3）单击【更改】,指令相关的联机表单自动打开 4）对于 PTP 和 LIN 运动,单击【修整 Touchup】按钮,以便确认 TCP 的当前位置为新的目标点；对于 CIRC 运动,单击【Touchup 辅助点】按钮,以便确认 TCP 的当前位置为新的辅助点,或者单击【Touchup 目标点】按钮,以便确认 TCP 的当前位置为新的目标点 5）单击【是】按钮,确认安全询问 6）单击【OK】按钮,保存变更
更改帧参数	1）将光标放置在需要改变的位置 2）单击【更改】,指令相关的联机表单自动打开 3）打开【帧】选项窗口 4）设置新工具坐标系、基坐标系或者外部 TCP 5）单击【OK】按钮,确认用户对话框（注意:改变以为为基准的帧参数时会有碰撞危险） 6）如果保留当前的机器人位置及更改的工具坐标系/基坐标系设置,则必须单击【TouchUp】按钮,以便重新计算和保存当前位置 7）按【OK】按钮,保存变更 注意:如果帧参数发生变化,则必须重新测试程序是否会发生碰撞
更改运动参数	可更改的参数为运动方式、速度、加速度、轨迹逼近、轨迹逼近距离 1）将光标放在需改变的指令行里 2）单击【更改】指令,相关的联机表单自动打开 3）更改参数 4）单击【OK】按钮,存储变更 注意:更改运动参数后必须重新检查程序是否会引发碰撞并且过程可靠

3. U 盘备份

该操作会在 U 盘上生成一个 ZIP 压缩文件。在默认情况下，这个文件名称与机器人名称相同。选择【投入运行】→【机器人数据】,也可以为此文件确定一个自己的名称。此存档会显示在导航器的"ARCHIVE:\"目录中。除 U 盘外，系统还会自动将备份的操作步骤保存在"D:\"上。这里会生成一个"INTERN. ZIP"文件。

特殊情况：若选择【KrcDiag】菜单项,会在 U 盘上生成文件夹"KRCDiag",该文件夹中包含一个 ZIP 压缩文件。此外,系统还会将此 ZIP 压缩文件自动存档到"C:\KUKA\KRCDiag"上。

操作步骤如下：

1）插上 U 盘（插在示教器或控制器上）。

2）在主菜单中选择【文件】→【存档】→【USB（KCP）】或【USB（控制器）】,然后选择所需的选项。

3）单击【是】按钮确认安全询问,生成文档。当存档过程结束时,"存档成功"将在信息窗口中显示出来。

特殊情况：如果通过【KrcDiag】菜单项存档,当存档过程结束时,存档路径将在一个单独的窗口中显示,之后该窗口将自行消失。

4）拔下 U 盘。

项目七 工业机器人装配应用编程

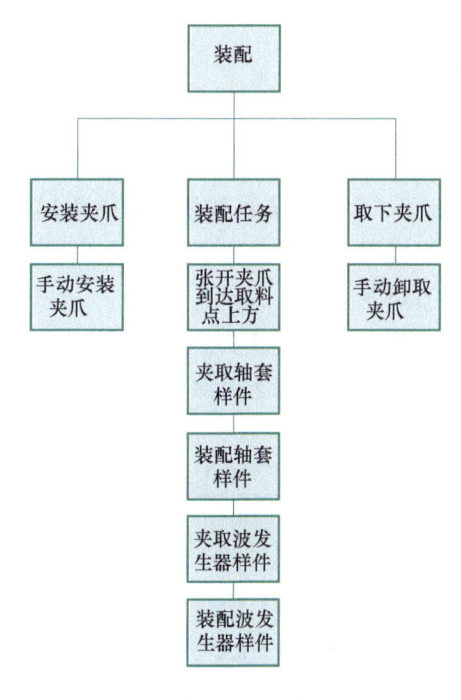

图 7-11 装配运动规划

二、任务实施

1. 装配运动规划

工业机器人安装平口夹爪工具完成后,在原料仓储模块内进行柔轮组件的装配作业。装配运动规划如图 7-11 所示。工业机器人程序说明见表 7-3。

表 7-3 程序点说明

程序点	说	明
工作原点	P1 点	
抓取轴套	轴套正上方	P2
抓取轴套	抓取轴套	P3
抓取轴套	轴套 P2 点上方	P4
装配轴套	波发生器正上方	P5
装配轴套	装配轴套	P6
装配轴套	波发生器正上方	P7
抓取组合体	组合体(波发生器)正上方	P8
抓取组合体	组合体(波发生器)	P9
抓取组合体	组合体(波发生器)正上方	P10
装配组合体	柔轮正上方	P11
装配组合体	装配组合体	P12
工作原点下方	待运动	P13

2. 手动安装平口夹爪

（1）外部 I/O 功能说明（表 7-4）

（2）手动安装平口夹爪的步骤

1）依次单击示教器【主菜单】→【显示】→【输入/输出端】→【数字输出端】，进入 I/O 控制界面，再选中输出端第三行，单击【值】按钮，如图 7-12 所示。

2）单击编号 3 的 I/O 状态按钮，编号 3 后面的圆圈变为绿色，使编号 3 的 I/O 输出为 1，快换末端卡扣收缩，如图 7-13 所示。

3）手动将平口夹爪工具安装在快换接口法兰上，再单击编号 3 对应的【值】按钮，使编号 3 的 I/O 输出变为 0，编号 3 后面的绿色圆圈变为灰色，快换末端卡扣松开，完成平口夹爪工具的安装，如图 7-14 所示。

表 7-4 外部 I/O 功能

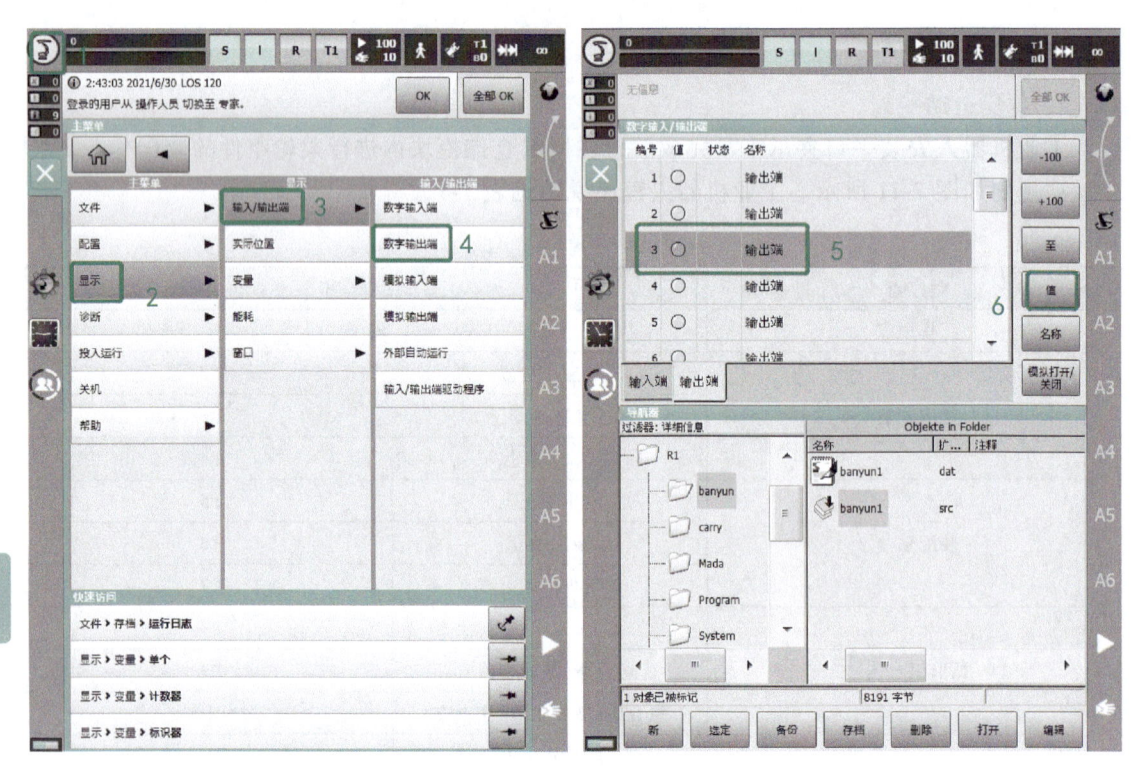

I/O	功　能	I/O	功　能
1	平口夹爪工具夹紧	3	快换末端卡扣收缩/松开
2	平口夹爪工具松开		

图 7-12 I/O 控制界面

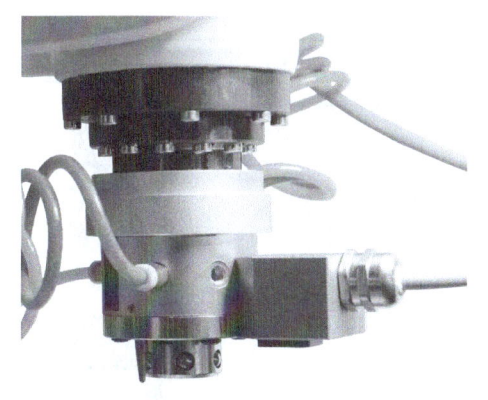

图 7-13　快换末端卡扣收缩　　　　　　图 7-14　安装平口夹爪工具

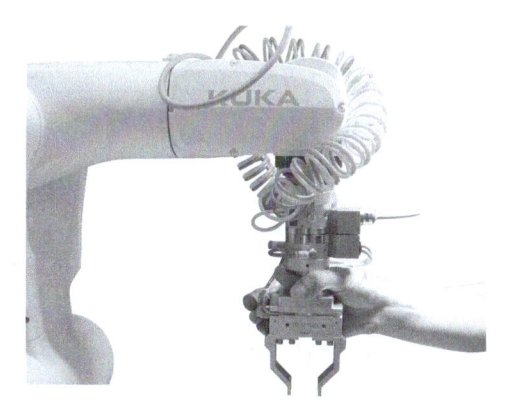

3. 示教编程

（1）设置参数　在示教过程中，需要在一定的坐标模式、运动模式和运动速度下，手动控制机器人到达指定的位置，因此，在示教运动指令前，需要选定坐标模式、运动模式和运动速度。

（2）工具坐标系（Tool7）设定　以被搬运工件为对象选取一个接触尖点，同时选取平口夹爪的一个接触尖点，测试平口夹爪的 TCP 和姿态。

（3）基坐标系（Base7）设定　以装配平台（搬运模块平台）为对象，建立基坐标系，同时选取平口夹爪一个接触尖点，测试基坐标系。

（4）建立程序　示教编程的操作步骤见表 7-4。

表 7-4　示教编程的操作步骤

操作步骤及说明	示　意　图
1）打开操作界面。打开示教器，自动跳转为操作界面	

(续)

操作步骤及说明	示意图
2)用户登录。单击示教器状态栏左上角【主菜单】按钮,打开【配置】子菜单,选择【用户组】	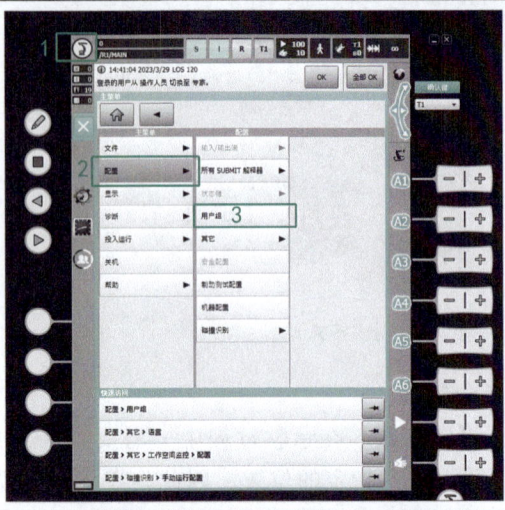
3)在用户组中选择【专家】,输入密码"KUKA",单击右下角【登录】按钮,进入操作界面	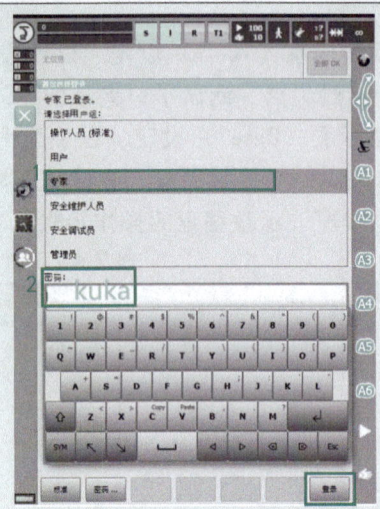
4)建立程序文件夹。单击"R1"文件夹,单击示教器左下角【新】按钮新建文件夹,模式选择【Modul】,通过弹出的键盘输入文件夹名"zhuangpei",单击示教器右下角【OK】按钮,会出现扩展名为"dat""src"的两个文件,其中"dat"文件存放程序点位置信息,"src"文件存放程序	

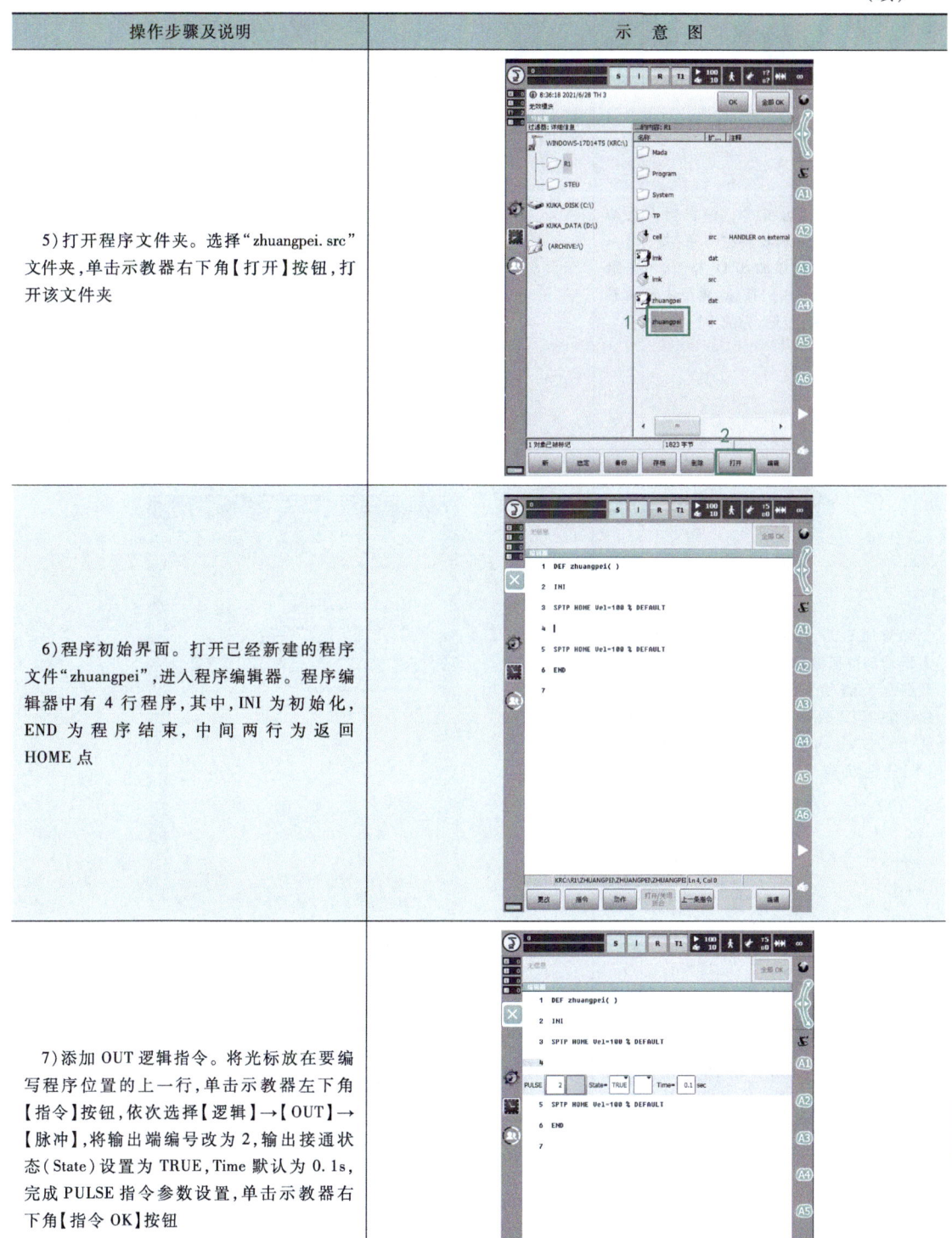

（续）

操作步骤及说明	示 意 图
5) 打开程序文件夹。选择"zhuangpei.src"文件夹，单击示教器右下角【打开】按钮，打开该文件夹	
6) 程序初始界面。打开已经新建的程序文件"zhuangpei"，进入程序编辑器。程序编辑器中有 4 行程序，其中，INI 为初始化，END 为程序结束，中间两行为返回 HOME 点	
7) 添加 OUT 逻辑指令。将光标放在要编写程序位置的上一行，单击示教器左下角【指令】按钮，依次选择【逻辑】→【OUT】→【脉冲】，将输出端编号改为 2，输出接通状态 (State) 设置为 TRUE，Time 默认为 0.1s，完成 PULSE 指令参数设置，单击示教器右下角【指令 OK】按钮	

(续)

操作步骤及说明	示意图
8）添加 SPTP 运动指令。使机器人运动到原点 P1 点，单击示教器左下角【指令】→【运动】→【SPTP】，添加 SPTP 指令，单击示教器右下角【Touch Up】按钮，再单击示教器右下角【指令 OK】按钮，完成 P1 点的示教	
9）添加 SPTP 运动指令。手动操作机器人运动到待抓取轴套正上方 P2 点，单击示教器左下角【指令】→【运动】→【SPTP】，继续添加 SPTP 指令，单击示教器右下角【Touch Up】按钮，再单击示教器右下角【指令 OK】按钮，完成 P2 点的示教	
10）添加 SPTP 运动指令。手动操作机器人运动到待取轴套 P3 点，单击示教器左下角【指令】→【运动】→【SPTP】，添加 SPTP 指令，单击示教器右下角【Touch Up】按钮，单击示教器右下角【指令 OK】按钮，完成 P3 点的示教	

(续)

操作步骤及说明	示意图
11）添加 OUT 逻辑指令。单击示教器左下角【指令】按钮，依次选择【逻辑】→【OUT】→【脉冲】，将输出端编号改为 1，输出接通状态（State）设置为 TRUE，Time 默认为 0.1s，单击示教器右下角【指令 OK】按钮	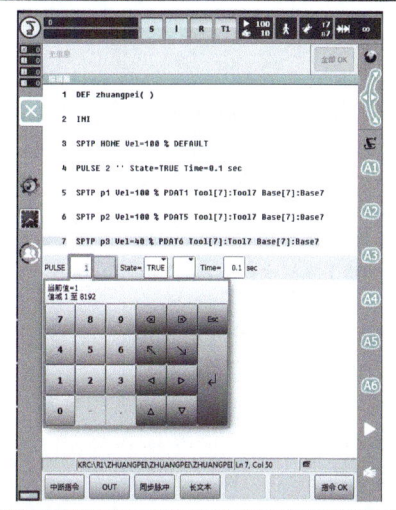
12）添加 WAIT 逻辑指令。为使平口夹爪可靠夹紧工件，设置延时时间 1s。单击【指令】→【逻辑】→【WAIT】，设置时间参数，单击示教器右下角【指令 OK】按钮，完成等待示教	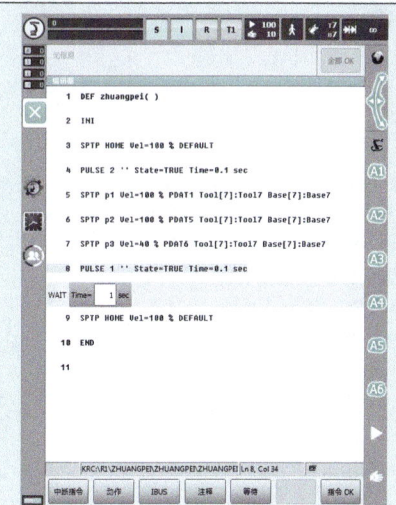
13）添加 SPTP 运动指令。手动操作机器人夹取轴套垂直向上运动到与 P2 点高度一致的 P4 点处，单击示教器左下角【指令】→【运动】→【SPTP】，添加 SPTP 指令，单击示教器右下角【Touch Up】按钮，再单击示教器右下角【指令 OK】按钮，完成 P4 点的示教	

(续)

操作步骤及说明	示　意　图
14）添加 SPTP 运动指令。手动操作机器人抓取轴套，并移动到波发生器正上方 P5 点，将光标移至第 11 行，单击示教器下边【上一条指令】按钮，添加 SPTP 指令，单击示教器右下角【Touch Up】按钮，再单击示教器右下角【指令 OK】按钮，完成 P5 点的示教 【上一条指令】按钮：单击之后自动延续上一条的程序指令类型和参数，变量名标号自动叠加	
15）添加 SPTP 运动指令。手动操作机器人夹取轴套，并移动到波发生器 P6 点，单击示教器下边【上一条指令】按钮，继续添加 SPTP 指令，单击示教器右下角【Touch Up】按钮，再单击示教器右下角【指令 OK】按钮，完成 P6 点的示教	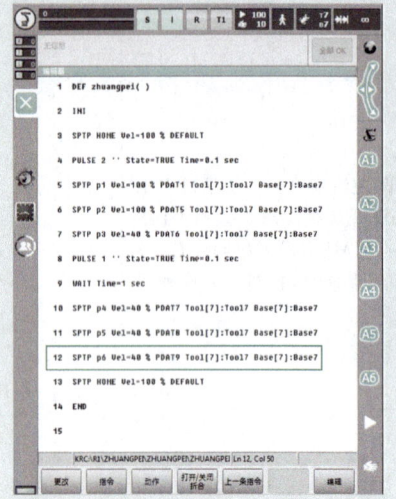
16）添加 OUT 逻辑指令（平口夹爪打开）。单击示教器左下角【指令】按钮，依次选择【逻辑】→【OUT】→【脉冲】，将输出端编号改为 2，输出接通状态（State）设置为 TRUE，单击示教器右下角【指令 OK】按钮	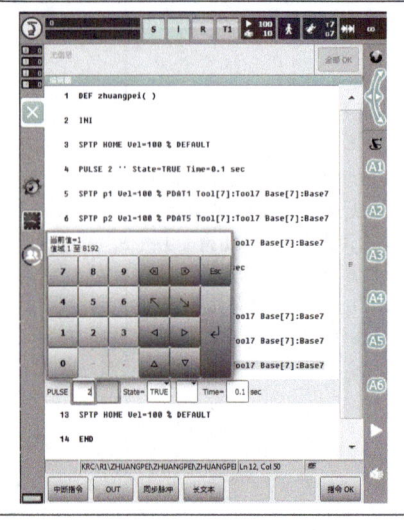

（续）

操作步骤及说明	示 意 图
17）添加 WAIT 逻辑指令。为使得平口夹爪完全脱离工件，设置等待时间 1s。单击【指令】→【逻辑】→【WAIT】，设置时间参数，单击示教器右下角【指令 OK】按钮，完成等待示教	
18）添加 SPTP 运动指令。手动操作机器人平口夹爪移动到 P7 点，单击示教器左下角【指令】→【运动】→【SPTP】，添加 SPTP 指令，单击示教器右下角【Touch Up】按钮，再单击示教器右下角【指令 OK】按钮，完成 P7 点的示教	
19）添加 SPTP 运动指令。手动操作机器人平口夹爪运动到组合体正上方 P8 点，单击示教器左下角【指令】→【运动】→【SPTP】，添加 SPTP 指令，单击示教器右下角【Touch Up】按钮，再单击示教器右下角【指令 OK】按钮，完成 P8 点的示教	

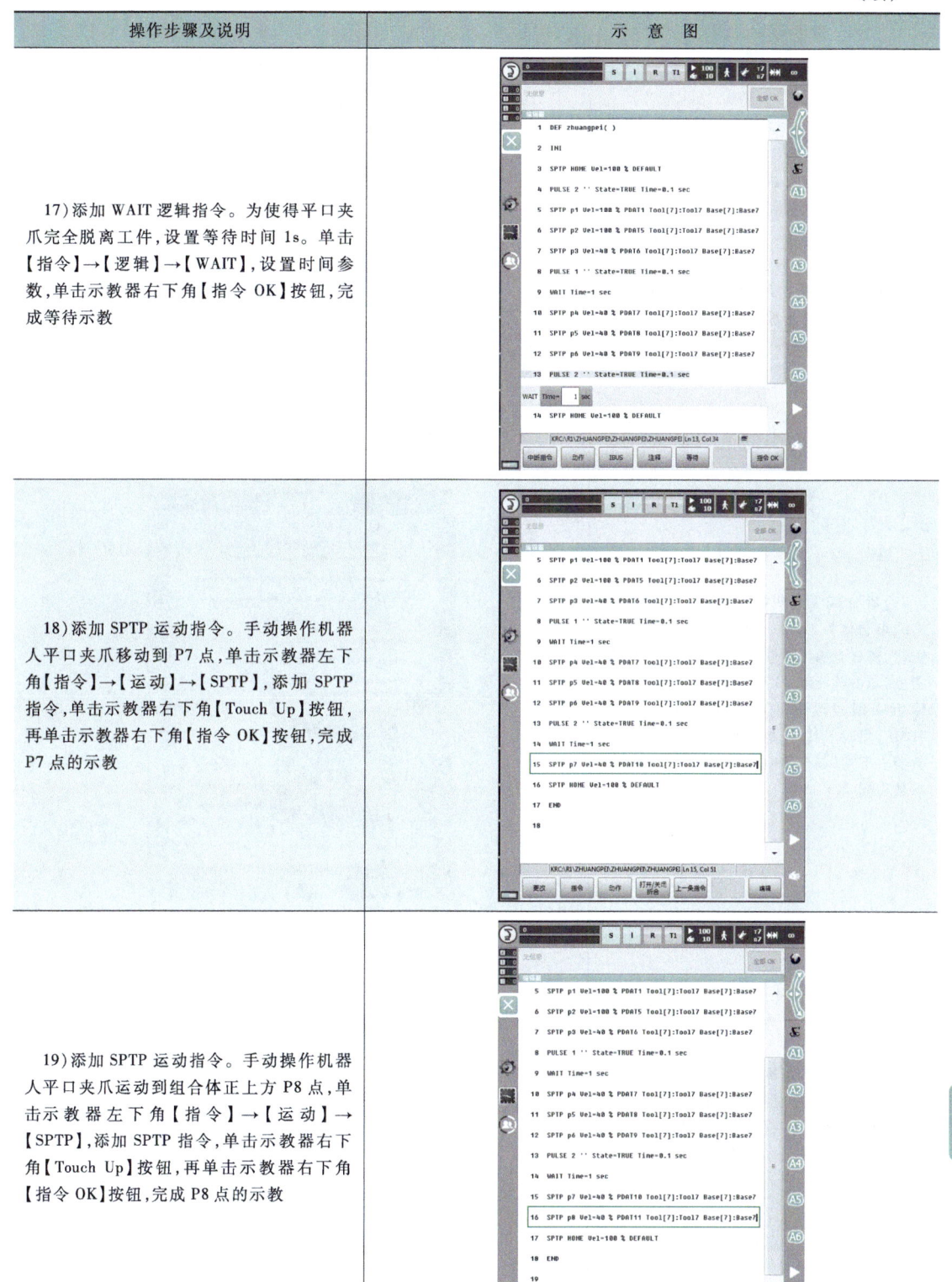

(续)

操作步骤及说明	示意图
20）添加 SPTP 运动指令。手动操作机器人平口夹爪运动到组合体 P9 点处，单击示教器左下角【指令】→【运动】→【SPTP】，单击示教器下边【上一条指令】按钮，继续添加 SPTP 指令，单击示教器右下角【Touch Up】按钮，再单击示教器右下角【指令 OK】按钮，完成 P9 点的示教	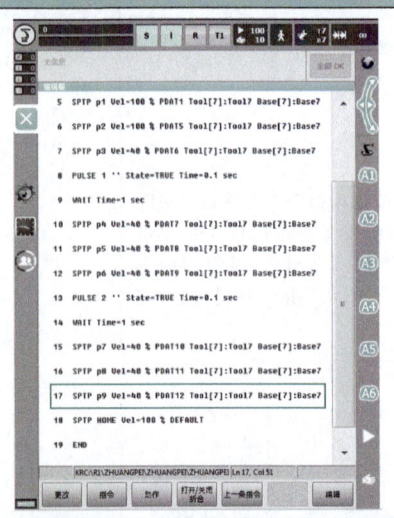
21）添加 OUT 逻辑指令（平口夹爪抓紧，夹取组合体）。单击示教器左下角【指令】按钮，依次选择【逻辑】→【OUT】→【OUT】指令，单击脉冲将 OUT 改为 PULSE 指令，将输出端编号改为 1，输出接通状态改为 TRUE，完成 PULSE 指令参数设置，单击示教器右下角【指令 OK】按钮，完成 OUT 指令参数设置	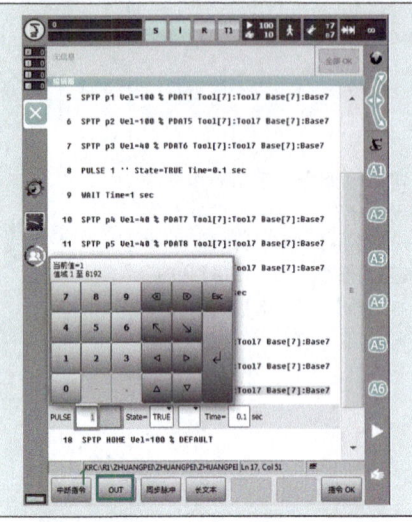
22）添加 WAIT 逻辑指令。为使得夹爪可靠夹紧工件，在此设置等待时间 1s。单击【指令】→【逻辑】→【WAIT】，设置时间参数，单击示教器右下角【指令 OK】按钮，完成等待示教	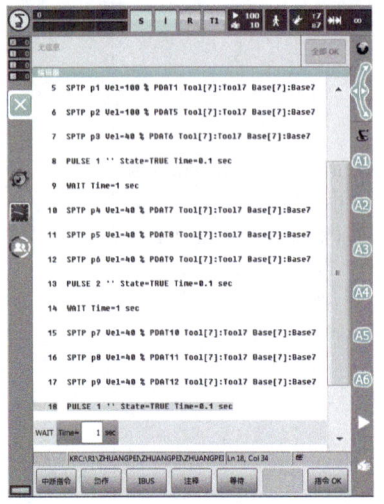

（续）

操作步骤及说明	示　意　图
23）添加 SPTP 运动指令。手动操作机器人夹取组合体运动到 P9 点正上方 P10 点，单击示教器左下角【指令】→【运动】→【SPTP】，添加 SPTP 指令，单击示教器右下角【Touch Up】按钮，再单击示教器右下角【指令 OK】按钮，完成 P10 点的示教	
24）添加 SPTP 运动指令。手动操作机器人夹取组合体运动到柔轮正上方 P11 点，单击示教器左下角【指令】→【运动】→【SPTP】，添加 SPTP 指令，单击示教器右下角【Touch Up】按钮，再单击示教器右下角【指令 OK】按钮，完成 P11 点的示教	
25）添加 SPTP 运动指令。手动操作机器人夹取组合体运动到柔轮 P12 点处，单击示教器左下角【指令】→【运动】→【SPTP】，添加 SPTP 指令，单击示教器右下角【Touch Up】按钮，再单击示教器右下角【指令 OK】按钮，完成 P12 点的示教	

（续）

操作步骤及说明	示 意 图
26）添加 OUT 逻辑指令（平口夹爪打开）。单击示教器左下角【指令】按钮，相继选择【逻辑】→【OUT】→【OUT】指令，弹出 OUT 联机表单。将输出端编号改为 2，输出接通状态改为 TRUE，取消 CONT，完成 OUT 指令参数设置，单击示教器右下角【指令 OK】按钮	
27）添加 SPTP 运动指令。手动操作机器人移动到 P13 点，将光标移至第 24 行，单击示教器左下角【指令】→【运动】→【SPTP】，添加 SPTP 指令，单击示教器右下角【Touch Up】按钮，再单击示教器右下角【指令 OK】按钮，完成 P13 点的示教	

4. 程序调试与运行

1）加载程序。编程完成后，保存的程序必须加载到内存中才能运行，选择"zhuangpei"程序文件，单击示教器下方【选定】按钮，完成程序的加载，如图 7-15 所示。

2）试运行程序。程序加载后，程序执行的蓝色指示箭头位于初始行。使示教器白色确认开关保持在中间档，然后按住示教器左侧绿色三角形正向运行键 ▷ 或示教器背后绿色启动按钮，状态栏中"R"和程序内部运行状态文字说明为绿色，则表示程序开始试运行，蓝色指示箭头依次下移，如图 7-16 所示。

当蓝色指示箭头移至第 3 行 SPTP 指令行时，弹出"BCO"提示信息，单击【OK】或【全部 OK】按钮，继续试运行程序，如图 7-16 所示。

3）自动运行程序。经过试运行确保程序无误后，方可自动运行程序。自动运行程序操作步骤如下：

① 加载程序。

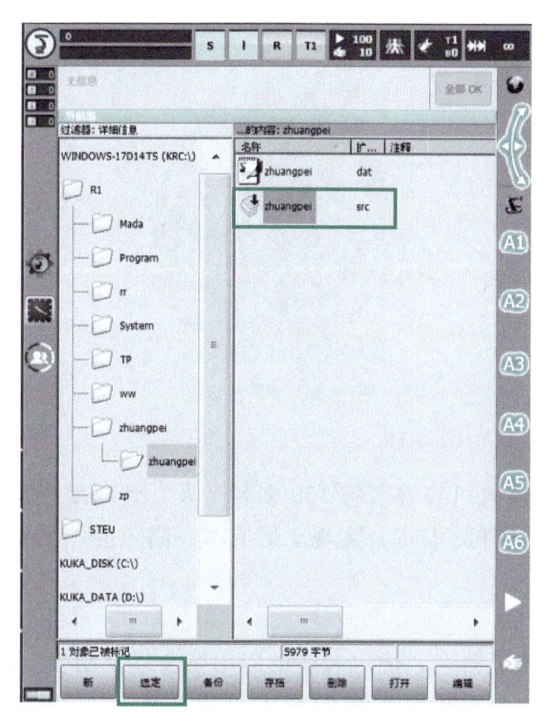

图 7-15 加载程序

图 7-16 程序开始试运行

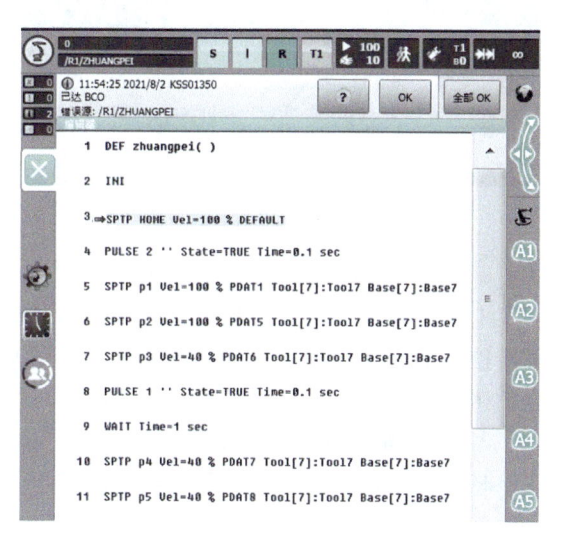

图 7-17 "BCO" 提示信息

② 手动操作程序，直至程序提示"BCO"信息。

③ 利用连接管理器切换运行方式。运行方式选择开关转动到"锁紧"位置，弹出运行模式窗口，选择"AUT"（自动运行）模式，再将运行方式选择开关转动到"开锁"位置，此时示教器顶端的状态栏中的"T1"改为"AUT"。

④ 为安全起见，降低机器人自动运行速度，在第一次运行程序时，建议将程序调节量设定为10%；

⑤ 单击示教器左侧蓝色三角形正向运行键，程序自动运行，机器人自动完成装配任务。

4）装配结果如图 7-18 所示。

图 7-18 装配结果

知识拓展

随着自动化行业的不断发展，人力成本不断上升，劳动力短缺现象日益严重，装配机器人逐渐显示出其强大的功能，可完成精密组装、装配工作，具有高速度、高精度和小型化等优势。采用机器人装配可解决生产制造企业人员流动带来的问题，并为企业提高产品质量和一致性、扩大产能、减少材料浪费、增加产出率、推动工业产业升级、提高市场竞争力做出重大贡献。KUKA 机器人用于主板装配如图 7-19 所示。

1. 装配机器人完成手表机芯的组装

目前，国内某公司正式采用 70 多台平面关节型装配机器人完成整个手表机芯（图 7-20）的组装。合理设计夹具，以额定负载 1kg 的平面关节型装配机器人为主要装配机器人，其高精度、高速度及低抖动的特性可确保实现机芯机械部件的精密装配，如装螺钉、加机油、焊接晶体，并可进行质量检测。其操作界面简单，便于现场维护人员学习、操作。

图 7-19 主板装配　　　　　　图 7-20 手表机芯

2. 装配机器人为企业带来效益

对于一条手表机芯装配生产线，使用装配机器人可直接节省 130 多名工人，大幅度提高了产能，提高了产品质量和一致性，减少了基本部件的浪费，实现了低成本、高效能、更安全的生产。

3. 如何选择合适的装配机器人

1）应用场合。首先，最重要的是评估导入的机器人，确定合适的应用场合以及制程。

2）有效负载。有效负载是机器人在其工作空间可以携带的最大负荷，从 3～1300kg 不等。

3）自由度（轴数）。机器人配置的轴数直接关联其自由度。如果是针对一个简单的应用场合，比如单纯的取放物品，简单的 4 轴机器人就足以应对。但是，如果应用场景是一个狭小的工作空间，且机器人手臂需要很多的扭曲和转动，6 轴或 7 轴机器人将是更好的选择。

4）最大作动范围。当评估目标应用场合时，应该了解机器人需要到达的最大距离。选择机器人除了考虑有效负载外，还需要综合考虑它的运动空间。

5）重复定位精度。这个因素也取决于应用场合。重复定位精度可以被描述为机器人完成例行的工作任务时每一次到达同一位置的能力。

6）本体重量。机器人本体重量是设计机器人单元时的一个重要因素。如果工业机器人必须安装在一个定制的机台甚至导轨上，应依据它的重量来设计相应的支承。

7）防护等级。根据机器人的使用环境，选择一定的防护等级（IP 等级）。一些制造商提供针对不同场合、不同防护等级的机器人产品系列。

4. 如何提高装配机器人的装配精度

1）设计。装配的难度与精度保证首先取决于设计。好的设计可以降低工人技能要求，提高装配效率和精度。

2）零件加工。如果零件不合格，就没有装配精度可言。

3）装配工装。工装是辅助，可以提高装配效率。好的工装也可降低工人技能要求，比如一些防呆的工装，工人只要能放进去，就说明装到位了，甚至不用再做二次检查。

4）装配手法。这是针对重要工位或者精密工位的。有些工位装配复杂，对工人的要求很高。

5）后续补偿。绝对的精准是无法达到的，所以机器人会有精度补偿功能，即在算法上进行校正。

5. 如何配置装配机器人的传感系统

视觉传感系统相当于机器人的眼睛。它可以是两架电子显微镜，也可以是两台摄像机，还可以是红外夜视仪或袖珍雷达。这些视觉传感器有的将接收的可见光变为电信号，有的将接收的红外光变为电信号，有的本身就是通过电磁波形成图像。它们可以观察微观粒子或细菌世界，观看几千度高温的炉火或钢液，在黑暗中看到人眼看不到的东西。机器人的视觉传感系统要求可靠性高、分辨力强、安装维护简便。图 7-21 所示为配备视觉传感系统的 KUKA 机器人。

听觉传感系统是一些高灵敏度的电声变换器，它们将各种声音信号变成电信号，然后进行处理，送入控制系统。

触觉传感系统包含各种各样的机器人手，手上装有各类压敏、热敏或光敏元器件。不同用途的机器人的手大不相同，如用于外科缝合手术的手、用于大规模集成电路焊接和封装的手、专门提拿重物的大机械手、能长期在海底作业的采集矿石的地质手等。

图 7-21 配备视觉传感系统的 KUKA 机器人

嗅觉传感系统是一种"电子鼻"。它能分辨出多种气味，并输出相应的电信号；它也可以是一种半导体气敏电阻，专门对某种气体做出迅速反应。

机器人根据布置在身上的不同传感元件对周围环境状态进行即时测量，将结果通过接口送入单片机进行分析处理，控制系统则通过分析结果按预先编写的程序对执行元件下达相应的动作指令。

评价反馈

评价反馈见表 7-5。

表 7-5 评价反馈

基本素养(30 分)					
序号	评估内容		自评	互评	师评
1	纪律(无迟到、早退、旷课)(10 分)				
2	安全规范操作(10 分)				
3	团结协作能力、沟通能力(10 分)				
理论知识(30 分)					
序号	评估内容		自评	互评	师评
1	各种指令的应用(10 分)				
2	装配工艺流程(5 分)				

(续)

理论知识（30分）				
序号	评估内容	自评	互评	师评
3	选择装配机器人的方法(5分)			
4	装配机器人的技术参数(5分)			
5	装配机器人在行业中的应用(5分)			
技能操作（40分）				
序号	评估内容	自评	互评	师评
1	装配轨迹规划(10分)			
2	程序示教编写(10分)			
3	程序校验、试运行(10分)			
4	程序自动运行(10分)			
综合评价				

练习与思考题

一、填空题

1. 装配机器人是集_____、_____、_____、_____和通信技术于一体的产品。
2. 装配机器人根据适应的环境不同，又分为_____和_____。
3. 装配机器人的装配系统主要由_____组成。
4. KUKA机器人运动方式包括手动慢速运行、_____、_____、_____。

二、简答题

1. 如何选择合适的装配机器人？
2. 如何提高装配机器人的装配精度？
3. 更改运动指令的作用有哪些？

三、编程题

手动将夹爪装配到机械臂上，由机器人抓取波发生器，并将波发生器装配在柔轮中，再将轴套装配在柔轮上的波发生器中，完成柔轮组件的装配任务。轴套、波发生器和柔轮的初始位置如图7-22所示。

装配完成后，机器人将柔轮组件搬运到旋转供料模块上，搬运过程详见项目六，最终机器人回到工作原点。

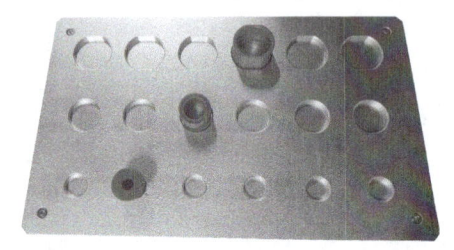

图7-22 轴套、波发生器和柔轮的初始位置

附录 工业机器人应用编程职业技能等级证书（KUKA初级）实操考核任务书

工业机器人应用领域一体化教学创新平台由KUKA-KR4型工业机器人、快换工具模块、码垛模块、焊接轨迹模块、涂胶模块、原料仓储模块、快换底座、人机交互、旋转供料模块和状态指示灯等组成。各模块布局如图1所示。

工业机器人末端工具如图2所示。涂胶工具用于模拟涂胶，吸盘工具用于取放码垛模块中的工件。

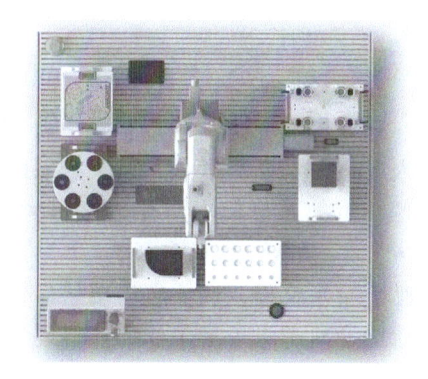

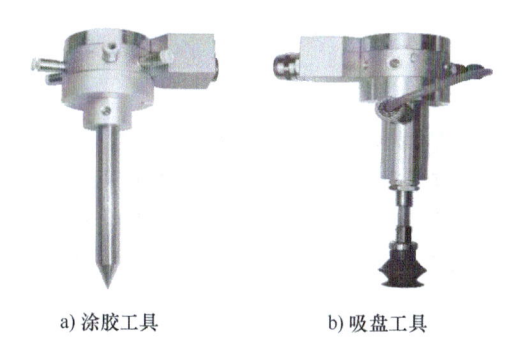

a) 涂胶工具　　b) 吸盘工具

图1　工业机器人应用领域一体化教学创新平台模块布局

图2　工业机器人末端工具

工业机器人涂胶模块和码垛模块如图3所示。

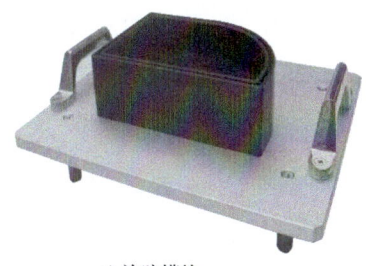

a) 涂胶模块　　b) 码垛模块

图3　涂胶模块和码垛模块

一、工业机器人涂胶应用编程

将涂胶模块安装在工作台指定位置，在工业机器人末端手动安装涂胶工具，建立用户坐标系，创建并正确命名例行程序。命名规则为："TJA＊＊"或"TJB＊＊"，"A"为第一场，"B"为第二场，依次类推，"＊＊"为工位号。进行工业机器人示教编程时须调用上述建立的用户坐标系，按下启动按钮后，实现工业机器人自动从工作原点开始，根据涂胶轨迹1—2—3—4的顺序进行模拟涂胶操作。涂胶轨迹如图4所示。在涂胶过程中，涂胶工具垂直向下，涂胶工具末端处于胶槽正上方，与胶槽边缘上表面处于同一水平面，且不能触碰胶槽边缘。完成操作后工业机器人返回工作原点。

试进行工业机器人相关参数设置和现场编程，完成模拟涂胶任务并备份程序。

图4 涂胶轨迹

二、工业机器人码垛应用编程

将码垛模块安装在工作台指定位置，在工业机器人末端手动安装吸盘工具，按照图5所示摆放6块码垛工件（第一层纵向两列，第二层纵向两列，第三层横向两行），创建并正确命名例行程序，命名规则为："MDA＊＊"或"MDB＊＊"，"A"为第一场，"B"为第二场，依次类推，"＊＊"为工位号。利用示教器进行现场操作编程，按下启动按钮后，工业机器人自动从工作原点开始执行码垛任务，码垛完成后工业机器人返回工作原点。码垛完成样例如图6所示（纵向单列6层）。

试进行工业机器人相关参数设置和示教编程，完成6个工件的码垛任务并备份程序。

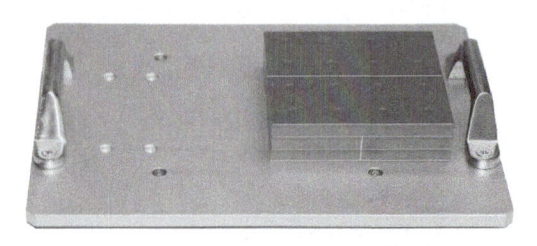

图5 码垛工件摆放位置

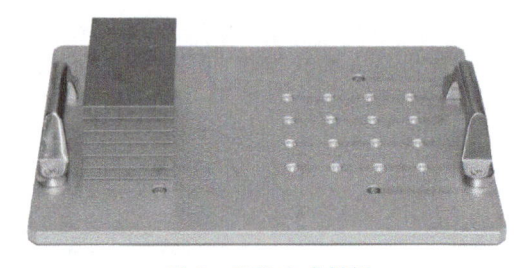

图6 码垛完成样例

参 考 文 献

［1］ 邓三鹏，许怡赦，吕世霞. 工业机器人技术应用［M］. 北京：机械工业出版社，2020.
［2］ 邓三鹏，周旺发，祁宇明. ABB 工业机器人编程与操作［M］. 北京：机械工业出版社，2018.
［3］ 祁宇明，孙宏昌，邓三鹏. 工业机器人编程与操作［M］. 北京：机械工业出版社，2019.
［4］ 孙宏昌，邓三鹏，祁宇明. 机器人技术与应用［M］. 北京：机械工业出版社，2017.
［5］ 蔡自兴，谢斌. 机器人学［M］. 3 版. 北京：清华大学出版社，2015.
［6］ 贺云凯. 基于六轴工业机器人的矢量图形及字符绘制的应用研究［D］. 太原：太原理工大学，2015.
［7］ 谢坤鹏. 工业机器人 3D 虚拟动态远程监控系统的研究［D］. 天津：天津职业技术师范大学，2019.